姥爷的育儿经

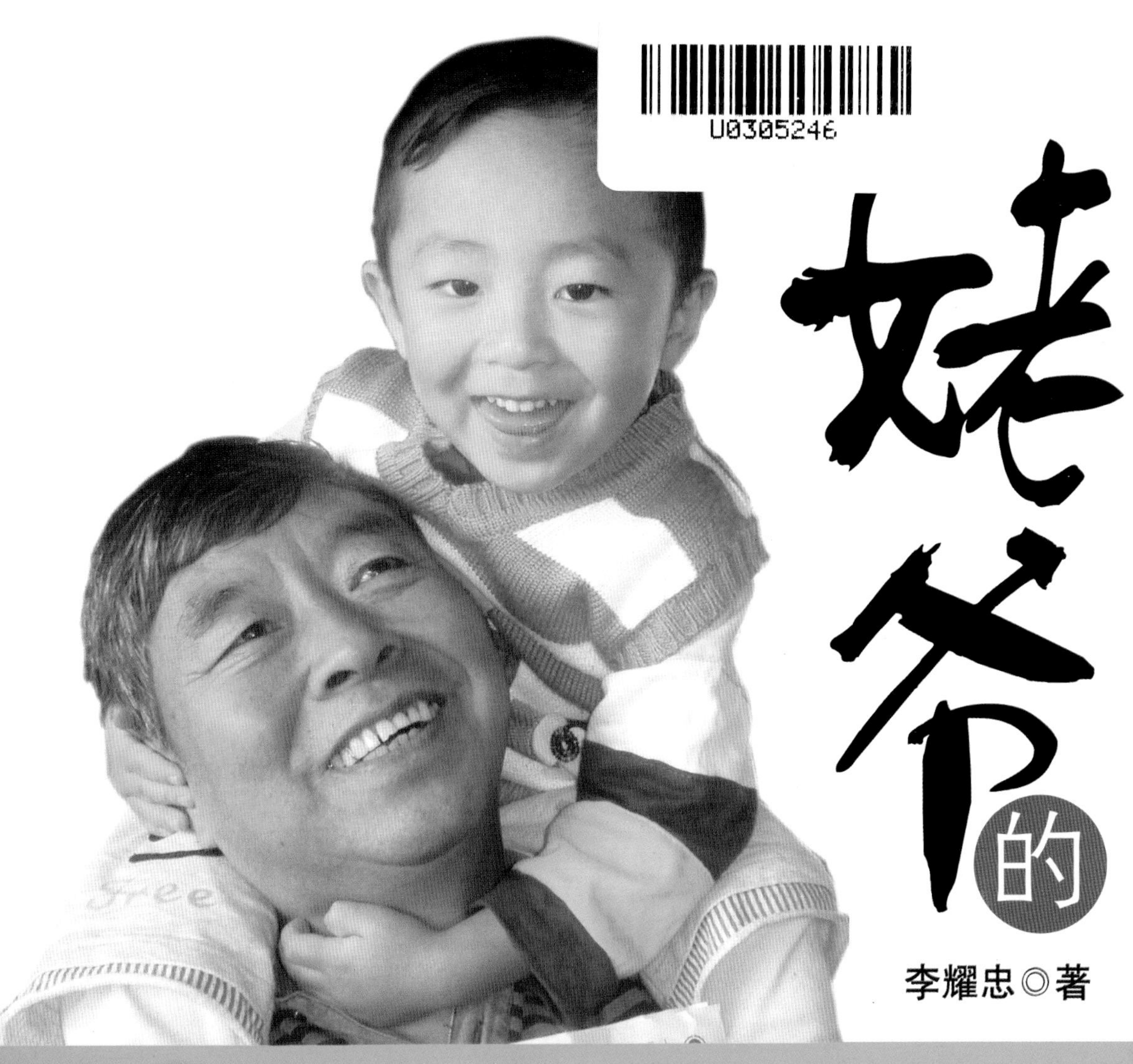

李耀忠◎著

暨南大學出版社
JINAN UNIVERSITY PRESS

图书在版编目（CIP）数据

姥爷的育儿经/李耀忠著．—广州：暨南大学出版社，2015.1
ISBN 978－7－5668－1254－4

Ⅰ.①姥…　Ⅱ.①李…　Ⅲ.①婴幼儿—哺育　Ⅳ.①TS976.31

中国版本图书馆CIP数据核字(2014)第252076号

出版发行：暨南大学出版社

地　址：中国广州暨南大学
电　话：总编室（8620）85221601
营销部（8620）85225284　85228291　85228292（邮购）
传　真：（8620）85221583（办公室）　85223774（营销部）
邮　编：510630
网　址：http://www.jnupress.com　http://press.jnu.edu.cn

排　版：广州市天河星辰文化发展部照排中心
印　刷：佛山市浩文彩色印刷有限公司

开　本：787mm×1092mm　1/16
印　张：12.25
字　数：150千
版　次：2015年1月第1版
印　次：2015年1月第1次

定　价：35.00元

姥爷“上岗”

我和孩子一同成长

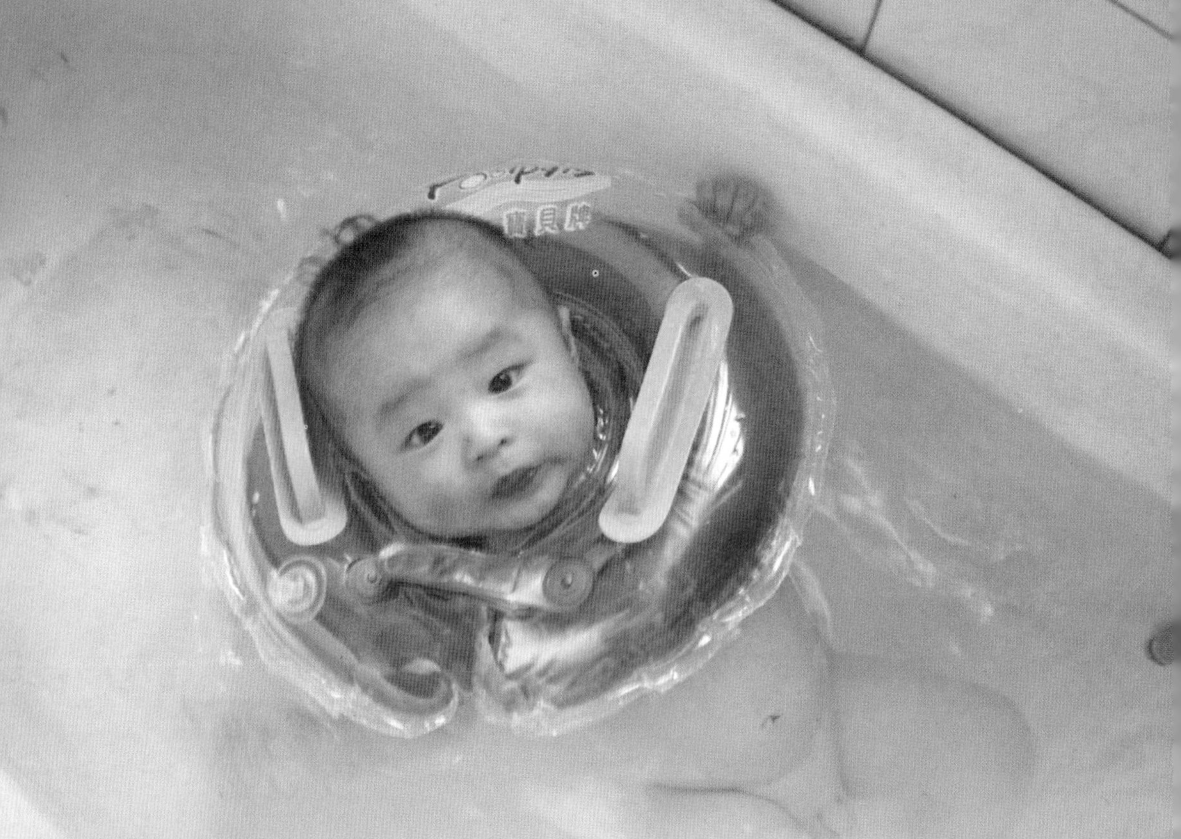

最美瞬间

感知成长的神奇

天伦之乐

我带孩子走四方

开阔视野

中国地图、地球仪、各国国旗

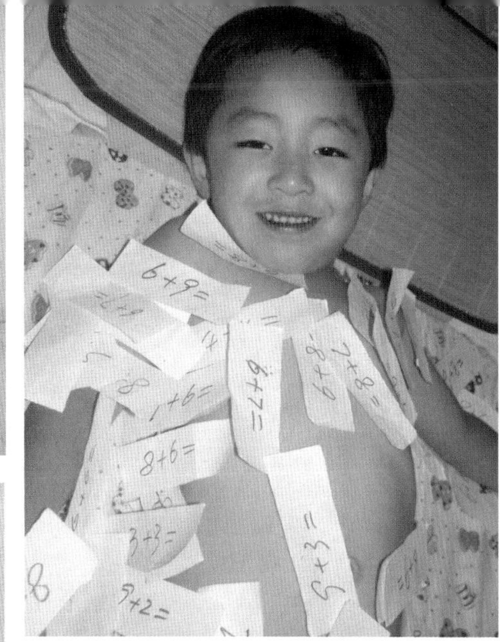

早教学习

识字、认时间、学数学、学英语

兴趣培养

搭积木、做手工

舞台表演

演讲比赛、英语名片

- Hi! How do you do!
- My name is 王一博!
- My English name is PoLoLo.
- Nice to meet you!
- I hope we become good friends.
- Tel:15323355963
- Address：Zeng Cheng Guang Zho

快乐童年
我最喜爱的“老照片”

前　言

我是一个普通得不能再普通的老人。怀着惴惴不安的心情，我坚持写完了这本书，但同时我又很自信，因为在与小外孙朝夕相处的六七年时光里，我积累了一些教育孩子方面的经验，觉得很有必要与大家分享一下。我希望和我一样的老年人，你们的孙子、孙女也能健康、聪明、懂事、可爱，同时你们的晚年生活也可以过得更加幸福，更加快乐。

在这本书里，我详细介绍了自己是如何萌生对早教的兴趣，又是如何通过自己的不断学习和努力，对早教的科学理念产生一定的认识，以及后来我又是如何在这些理念的指引下，对我的小外孙进行耐心细致的教育。

许多老年朋友常常有这样的想法：觉得可能自己年纪大了，带孙子是件特别辛苦的事情，除非子女真的需要，不然还不如趁现在走得动，四处走走看看，或者做点自己想做的事情，在剩余的时光里为自己好好地活一把。我写这本书的初衷就是想告诉这些老年朋友，在自己身体与精力都允许的条件下，带孩子并不是件苦差事，只要心中有爱、懂得方法，其实带小孩也可以变得非常快乐，既帮助子女减轻了压力，也享受了天伦之乐，而自己的晚年生活也过得更充实更有意义。

全书共20篇，1～2篇是我早教想法萌生的过程；3～6篇是早教的理论部分，即实行早教的理论依据，这些内容看似枯燥无味，却很重要也很关键，你要是真正理解了，就会在实施早教的过程中信心十足，游刃有余；7～13篇是我结合自己早教的实际经历，对早教的理论、理念作出的实质性总结；

14～20 篇是我具体实施早教的经历与经验总结，以及我对养育孩子的一些想法和建议；附录是我自编的早教三字经。

最后，我想特别强调一下，本人既不是专家、学者，不懂高深的教育理论，可能有些地方写得不够严谨；也不是作家，文笔欠佳，且水平有限，部分内容可能写得有些啰唆，感觉像大白话。但我的态度是很真诚的，也切实结合自己的实际经历，将自己的心得体会很真实很详细地写出来，期待和众多老年朋友们一起分享我的育儿经历，共同探讨育儿经验，同时也希望对大家的实际生活有一点参考价值和借鉴意义。

李耀忠
2014 年 10 月

目录 CONTENTS

我的天伦之乐

人生十年曰幼，学；二十曰弱，冠；三十曰壮，有室；四十曰强，而仕；五十曰艾，服官政；六十曰耆，指使；七十曰老，而传；八十、九十曰耄，七年曰悼。悼与耄，虽有罪，不加刑焉。百年曰期颐。

——《礼记·曲礼篇》

我是一个普普通通的退休老人，按理说谈不上有什么天伦之乐，然而在自己的努力调整下，我确实找到了属于我的天伦之乐，也享受了天伦之乐，我觉得自己的晚年生活因此而过得很充实也很有意义。现在，我很乐意将我的经验写出来，与和我年龄相仿或即将步入老年生活的朋友们一同分享。

我是共和国的同龄人，用个可能不太确切的成语来概括，就是属于“生不逢时”的一代人，因为我们这代人最美好的时光都伴随着国家的动荡不安。当我们这代人站在个人前途命运的十字路口时，文化大革命开始了，一切都被打乱了，求学之路没有了，前途一片茫然。尤其是像我这种“黑七类”的子女，命运更加悲惨。“文革”结束后，我已经从一个十七八岁的热血小青年变成了一个三十而立的中年人，还稀里糊涂成了家，有了孩子。然而，在这一代人里也有许多意志坚定者。他们没有随波逐流，自暴自弃。更难能可贵的是，他们始终怀有远大的理想，拥有强烈的求知欲望。他们默默地、孜孜不倦地学习。在1979年国家恢复高考之后，这些人陆续考上大学，圆了大学梦。后来他们又通过不懈的努力，成为“大器晚成”的成功者。而我呢，却总是怨天尤人，强调客观原因，而不从自身找原因，结果一事无成。

光阴似箭，日月如梭，不知不觉我就到了花甲之年。60岁，乍一听，多么残酷的现实，多么不愿意听到的岁数。简单的一个数字，宣告我已经迈入老年人的行列了。但是这也没有办法，生老病死，本来就是自然规律。我常常在想：人的一生也许能活六七十年或七八十年，看似很漫长，其实都很短暂，因为时间一晃就过去了。回首往事的时候，有的人觉得有滋有味，因为努力过，奋斗过，也收获过；有的人则自怨自艾，觉得这辈子碌碌无为，一事无成。如果老年生活也一直这样平淡乏味下去，只会平添许多不必要的烦恼。

其实，一个人的过去，无论成功也好，失败也罢，终究都会成为历史，生活仍将继续，还得想办法生活得更好、更快乐，这样才不枉此生。三国时的曹操曾说过：“老骥伏枥，志在千里。烈士暮年，壮心不已。”作为21世纪的老人，“暮年”于我还言之尚早。常言道：人生有限，事业无涯。我总是在思考一个问题：剩余的时光我该做点什么呢？投资做生意，我既没有那么多的本钱，也没有足够的精力来打理；下棋打扑克，自己既不是那么热衷，也不是什么高手；打麻将吧，逢年过节亲朋好友欢聚一堂玩一把还凑合；而养鸟种花之类的，个人也无太大兴趣。我总觉得不应该将自己的余生完全奉献给这些对我而言毫无意义的事情。

当时有人建议我去上老年大学，我一听，觉得这个主意不错。正当我准备了解上老年大学的情况时，我的妹妹（在内蒙古自治区计划生育办公室工作）向我推荐了一本关于婴幼儿早期素质教育的书，让我好好看看、学学，以便将来有了小孙子可以因材施教。此建议正合我意，拿到书后，我开始认真地看起来。这一看不得了，我如同当年哥伦布发现了新大陆一样，兴奋不

已，豁然开朗。其实，人的一生，无论是命运的好坏，还是事业的成败，关键取决于其童年时成长的好坏。这就验证了那句老话："三岁看大，七岁看老。"我将那本书从头到尾、逐字逐句地仔细看完。终于，我知道了什么是素质教育，又了解了一个孩子从呱呱坠地到6岁之前是如何感知、观察、了解、学习和适应这个世界，然后融入社会中去的。可以这么说，6岁之前是奠定一个人人生基础的关键时期。

俗话说得好："没有学不会的孩子，只有不会教的父母。"人们常说，小孩子就如同一张白纸，可以写出最优美的文字，可以绘画出最美丽的画卷。但谁去写，谁去画呢？答案是我们家长，是我们每一位施教者。

该书告诉我，要时刻联系自己童年的成长经历来阅读学习，通过回忆、对照自己童年的得失来理解早期教育的深刻内涵。对此，我非常赞同，而书中所说的"我们每个成年人都有童年的遗憾，但绝不能让我们的孩子再有遗憾的童年"这句话更是一下子说到了我的心坎里。

看完这本书，我明白了人生成长的许多哲理以及人生成长与早期科学教育的因果关系。我不禁慨叹：要是我能早点明白这些道理和方法，也许今天的我会很不一样，我也许会比现在成功，我的孩子也许会比现在优秀。"虽然我们自己已不可能成为天才，但我们可以成为天才的父母。"书中的这句话我尤为喜欢，它让我看到了晚年生活的曙光，找到了自我存在的价值和意义。

正当我沉浸在早教理论学习当中并颇有收获时，女儿给我生了一个可爱的小外孙。此时的我已经掌握了不少关于早教的理论知识，再加上有了小外孙这个可以实施早教的对象，于是，我便将自己的大部分时间和精力都倾注在对孩子的早教实践上。几年下来，虽然很辛苦很劳累，刚开始的时候还手忙脚乱，但是收获还是颇丰的：我觉得自己活得更加充实，也更加快乐了；小外孙在我的精心培养下健康成长起来了，他既乖巧可爱，又聪明伶俐。

通过这些年我与小外孙朝夕相处的时光，以及我对他实施的早教经历，我要为老年人平反。什么“老年人不能带孩子”、“会有隔代亲”、“把孩子宠坏”等，这些说法都是带有偏见的。关键还是要看你怎么带、如何带，如果掌握了一定的理论知识和方法，其实老年人带孩子更具有得天独厚的优势。

老年人有充足的时间与孩子在一起，完全可以充当全职教育者。除了睡觉，其余时间均可以对孩子进行早教。孩子睡觉时，如果你还有多余的时间和精力，可以看看书充电，想想下一步该给孩子讲些什么。这样忙忙碌碌的，一天也就过去了，既能教育小孩，又能使自己的生活过得更加充实、有意义。

老年人有实际养育孩子的经验，最起码有生理养育的经验。这是年轻的爸爸妈妈无法相比的。老人可以将自己过去对孩子的养育经验梳理一遍，以便更好地培育下一代。

老年人通过学习早教的知识，对照自己童年成长的得失，对孩子实施科学早教。这样可以最大限度地防止自己童年成长的遗憾在孙子这一代身上重演，从而使孩子不再有遗憾的童年。

老年人相对来说比年轻的父母更有耐心、也更细心，受得了孩子的哭闹、经得起孩子的折腾。人老了，相对来说火气没年轻时大了，棱角也大致磨平了。就算着急上火，老年人也极少会冲着孩子发脾气，因此能平静地对待孩子的哭闹，并能想出各种应对的方法。

老年人最适合与孩子一起生活，尤其是想对孩子实施科学早教的老人。因为与孩子朝夕相处，可以使自己的心态变得更加年轻。看着无忧无虑、天真无邪的孩子一天天地长大，你会感到很欣慰。孩子要是像个小尾巴似的一天到晚黏着你，你教他什么他就学什么，并且很快学得有模有样，就像一个懂事的“小大人”。那时，你的心里甭提有多高兴了，喜悦之情溢于言表。同时，这也可以延缓自己的衰老速度，使自己充满活力，忘记年龄。

教育孩子还可以预防老年痴呆。因为教孩子学知识的过程，也是你重新学习的过程。首先你得明白、学会、记住那些要传授的内容，然后才能把它

们教给孩子。这样不但有效锻炼了自己的大脑，而且会使脑子越用越灵活，从而延缓大脑的老化，可谓一举两得。

与孩子在一起会使老年人觉得自己童心未泯。要是教育出来的孩子聪明机灵又可爱，你会有很大的成就感。每天高高兴兴的，保持心情舒畅，这样就不容易得病。而且每天忙忙碌碌的，根本没时间想东想西，也就不容易得疑心病。

人人都希望有成就感，老年人也不例外。每当外人夸你的孙子“有进步”、“真懂事”、“好聪明”时，你会觉得无比自豪，同时也增强了自己的信心，使自己更加热爱生活。

老年人教育小孩的时候，也会给自己的儿女树立榜样。若方法科学得当，那么儿女们会对自己的父母刮目相看，而父母在他们心目中的地位也会更加重要。这样无形中也缓和了家庭矛盾，增进了亲人间的感情。

所以，老年人不是不适合带孩子，而是最适合带孩子、教育孩子，尤其是在孩子6岁之前。当然，爸爸妈妈的角色也是不可或缺的。只要全家人齐心合力，朝着共同的目标努力，就一定能成就孩子美好的未来，成就家庭的希望。

啰啰唆唆地说了这么多，大家应该明白我的晚年生活情况了吧。没错，这就是我所期盼的天伦之乐，而且我也乐在其中。

为了更好地培养我的小外孙，我特意参加了国家职业资格培训，学习了《育婴员》教程，并于2007年2月份考取了育婴师的资格证书。记得在北京考试期间，好多小姑娘、小媳妇还有老师都问我同一个问题：“大爷，我们学育婴员是为了生计、找工作，您学这个干吗?”我很自豪地说：“我是为了更好地教育我的小外孙。”她们都笑了，从她们的眼睛里我感受到了她们的好奇与不理解，同时我也意识到了自己的另类。

当然，我之所以对小外孙进行早教，还有一个原因，那就是文中所提到的“第三个美好的心愿”：好好培养自己的孩子，让他将来有出息，并一生有好运。一个有梦想的人，还会将这个心愿延续到他的子孙身上，希望他们青出于蓝而胜于蓝，使家族更加兴旺发达。

培养孩子是一个系统工程。我认为在孩子6岁以前，老年人可以发挥的作用是很大的。孩子还小时，很容易听大人的话，你完全可以对其实施早教，将他逐渐培养成一个聪明、机灵、活泼、可爱、听话的小宝贝；等孩子慢慢长大了，要上小学了，老人就逐渐退居二线了，同时，让爸爸妈妈接过教育的接力棒。因为孩子长大了，其叛逆心理会日益增强，而老人容易心软。另外，社会的发展、时代的进步都太快了，老年人难免有些跟不上节奏。此时，爸爸妈妈的作用也就日益凸显出来。其实也没什么遗憾了，能和孩子朝夕相处六七年就应该心满意足，这老年生活也值了。

人生的美好心愿

“但愿人长久，千里共婵娟。”这一不朽名句出自宋代苏东坡的《水调歌头·明月几时有》。意思是希望自己思念的人健康长寿，虽远隔千里，却仍可以共赏同一轮皎洁的明月。人们常用此诗句来表达对亲人朋友的思念之情以及美好祝愿。

在人生的道路上，我们每一个人都可能会自然或不自然地在内心深处产生过三个美好的心愿。

第一个美好心愿产生于学生时代。

当学生时，大多数人心里大概都有这样一个共同的想法：我要好好学习，争取将来考取一所好的大学，在大学里好好用功，毕业后要找份好的工作。当然，结果可能因人而异，有的成功了，有的则因为种种原因而变成了遗憾。

第二个美好心愿产生于青春恋爱期。

大学毕业了，工作稳定了，也到了该找对象谈恋爱的时候了。这时，男女双方都会有一个美好的想法，那就是希望找到两情相悦、志趣相投的人，共同组成一个幸福的家庭。这个心愿当然也有圆满实现的，也有不尽如人意的。

第三个美好心愿产生于结婚之后。

小两口婚后生活甜甜蜜蜜，自然而然就会想到要孕育自己的爱情结晶。而在有了小宝贝之后，心里马上又会想：将来要好好培养自己的孩子，让他健康茁壮成长，成为聪明、乖巧、懂事的好孩子，将来成为国家的栋梁之材。虽然每个家长的具体想法不同、要求不一样，但是希望孩子将来更幸福，比自己更有本事、更有出息，这估计是天下所有父母的共同期盼吧。

人生这三个美好的心愿都是纯洁朴素的，而这三个心愿里要数第三个最伟大、最幸福。与前两个心愿相比，第三个心愿具有以下五个特点：

1. 时间持续最久

前两个心愿都会持续数年，但随着时间的流逝渐渐成为过去式。而第三个心愿，可以说是贯穿在从怀孕到孩子出生，再到孩子逐渐长大成人进入社会的整个过程中，持续时间最久。而大部分人到了自己年老的时候还会继续祝福孩子，希望他们工作顺利，生活幸福，事业有成。更有甚者会将这个心愿延续到子孙身上，希望一代更比一代好，青出于蓝而胜于蓝。

2. 想法最成熟

第三个心愿虽然萌发时间最迟，但也最为成熟，它既不像少年学生时代的那个心愿那样朦胧幼稚，也不像青春恋爱时期的心愿那样易于冲动。记得20世纪80年代初有一部电影叫《初恋时不懂的爱情》，说的就是处于恋爱期的青年虽然长大成人了，考虑问题也相对深刻了，但是对婚姻、家庭观念的认识还不够成熟。结婚后就不一样了，经过了一段时间的婚姻生活，再加上有了自己的宝宝，夫妻二人的想法会改变许多，考虑问题也会更加成熟、理智。

3. 心愿最幸福

小两口在养育孩子的过程中会感到无比幸福，因为孩子是夫妻二人的爱情结晶，看着孩子一天天长大，一天天懂事，没有比这个更让人快乐的了。夫妻俩在养育孩子的过程中会有新的共同理想和追求，还会产生更多的共同语言，使得家庭生活更加温馨和谐。

4. 价值分量最重

第三个心愿是全家人的殷切期望，事关孩子的未来。试想一下，把孩子培养成一个综合素质高、全面发展的人，让他在未来的人生道路上能够有足够的能力和信心来面对可能会遇到的一切困难和挑战，最后脱颖而出，成为一个出类拔萃的人，那该是件多么让父母感到欣慰和幸福的事情啊！

5. 心愿最崇高

把孩子培养成国家和社会的栋梁之材，让他为国家的发展和社会的进步建功立业，这个心愿是多么崇高和伟大，多么让人敬佩。

然而，心愿是美好的，而实现过程却是艰难的。如何科学地教育孩子，这是一个需要认真对待的问题。天下没有掉馅饼的好事，同样，孩子也不可能一出生就聪明、懂事。即使两口子都是大学生，读书都很聪明，生出的孩子也未必就会遗传父母的优秀基因。孩子是需要慢慢培养的，培养一个优秀的孩子绝对不是一件能一蹴而就的事情，而是一个漫长的过程，其中的艰辛和所付出的努力，只有父母和家人才深有体会。为了实现这个目标，家长应该认真学习一些早教的知识，并在实际行动中矢志不渝地践行这些科学的理念。首先需要说明的一点是，你必须要先作出表率。这也就是我们常说的榜样的力量。你的思想境界，你的奋斗精神，你的工作态度，你的责任心，你的生活、行为、习惯等，都必须起到传递正能量的作用。因为这一切都会潜移默化地对孩子产生巨大的影响，在某种程度上甚至左右着他们成长的方向，影响着他们前进的速度。尽管你可能工作太忙，没办法经常陪伴孩子，但是只要你能作出表率，那么在你和孩子有限的相处时间里，孩子就能从你身上感受到积极的力量。另外，对孩子的教育一定要科学合理，只要能为他营造一个良好的学习和成长环境，相信每一个孩子将来都能成为一个优秀的人。

早期教育的探讨

教育的基础主要是在5岁以前奠定的，它占整个教育过程的90%。在这以后，教育还要继续进行，人进一步成长、开花、结果，而你精心培植的花朵在5岁以前就已绽蕾。

——［苏］马卡连柯

当下，早期教育正在中国如火如荼地进行着。早教到底有什么用？也许用法国思想家爱尔维修这句话来解释会比较容易理解：即使是最普通的孩子，只要教育得法，也会成为不平凡的人。

结合培养小外孙的亲身经历，我个人的经验是：首先要认真、仔细地学习早期教育的相关理论，消化并吸收其精髓。这样，你才能胸有成竹地对孩子实施早教。此外，在施教的过程中，要做到不照本宣科，并不断总结经验，因为你的施教对象毕竟是个小孩，他的个性和脾气等各方面都不可能像你预先设想的那样，所以要注意因材施教。

我认为早期素质教育理论的学习应该从两个方面来进行：首先学习什么是早期教育，其次弄清什么是素质教育。只有真正掌握了这两部分的内容，你才可以有的放矢地对孩子进行早期素质教育。

早期教育的内容可以分为四个方面：什么是早期教育；早期教育的可行

性；早期教育的重要性；早期教育的四个重要作用。

什么是早期教育

所谓早期教育，其本质是根据婴幼儿的生理、心理特点，及时进行有针对性的指导和教育。具体而言，就是根据接受事物的大脑器官及人体的成长发育规律，对大脑进行各种丰富多彩的、有趣的、科学的信息刺激，对婴幼儿的运动肌体进行相适应的并略超前一点的训练。简而言之，早期教育就是对婴幼儿快速生长的大脑进行各种科学信息的刺激，并对肌体实施科学训练的教育。

那么，早期教育要早到什么时候呢？有这么一个故事：一位英国妇女"望女成凤"，抱着自己的女儿去请教著名科学家达尔文先生。她问："达尔文先生，我向您请教个问题，我希望我的孩子将来有出息，那么孩子多大开始接受教育最好呢？"达尔文笑着问这位妇女："您的孩子多大了？"妇女说："她还小呢，才两岁半。"达尔文听后，叹了口气说："唉，夫人，您教育孩子的时间已经晚了两年半了。"俄国生理、心理学家巴甫洛夫有句名言："在婴儿降生的第三天开始教育，就已迟了两天。"由此可见，早期教育可以说从出生那一刻起就要开始了。

早期教育的可行性

要想了解早期教育的可行性，首先我们就要知道人类生活在世界上是靠什么生存，靠什么主宰世界上的万事万物，靠什么发展社会的生产力、推动社会前进……而答案是：这一切都是靠我们人类的大脑，靠我们的智慧。恩格斯曾经说过："思维是地球上最美丽的花朵。"

人类既然是靠大脑生存，那么大脑就会优先发育、快速生长，这完全是为了适应未来生存的需要。就像非洲大陆草原上的角马、瞪羚、斑马，它们

都是靠腿的奔跑速度才得以生存，所以它们的幼崽在刚出生的两三个小时内就能站立起来，否则将会被食肉动物吃掉。

宝宝还在母亲肚子里的时候，为了将来生存的需要，首先形成的是有脑神经元的大脑皮层，两个月大的胎儿的头部就占了身长的一半，新生儿的头围和胸围一样宽，出生九个月后，婴儿的大脑重量比新生儿时增加一倍，三岁时增加两倍，到了六岁，大脑的发育就基本成熟，接近成年人的水平了。这个接近成年人的水平是指大脑的重量、大脑的沟纹以及脑神经元的数目，6岁以后大脑的生长速度就开始缓慢下来。

为什么孩子6岁就可以上学了呢？因为他大脑的神经元已基本成熟，虽然脑神经元上的神经纤维突触还没有完全发育成熟，但基本上可以接受知识教育，所以就能上学了。而此时人体的其他器官，如心、肝、肺、肾和骨骼等，要达到基本发育成熟的水平，至少还需要15年的时间，而身高的成长发育则可能需要到二十几岁以后才能完成。

人类的大脑在0~6岁时是快速生长期，尤其在0~3岁更是生长的快速期。在这个快速生长期内，大脑极易通过人体的五官接受外界信息的刺激，所以我们要在孩子大脑的快速生长期内，给予他们各种丰富多彩、趣味无穷、科学合理的信息刺激，并采取最科学、合理的早教方法对孩子进行早期素质教育。经过努力，我们完全可以让孩子在上小学前成为一个聪明伶俐、见多识广、勤学好问、讲文明、懂礼貌、守规矩的好孩子，为他们将来的发展打下良好的素质基础。

早期教育的重要性

我们日常生活中的一切言行举止都受到大脑的支配。因为每个人的大脑不尽相同，有的聪明伶俐，有的木讷笨拙；有的反应灵敏，有的反应迟钝；有的动作灵活，有的动作缓慢；有的知书达理、有亲和力，有的则蛮不讲理、让人讨厌；有的勤劳善良、富有同情心，而有的则好吃懒做、自私自利……是什么原因造成的呢？其实，这都与孩子在早期的成长发育过程中接受了什么样的教育有着千丝万缕的关系，它直接或间接左右着孩子的生理、心理的成长，影响着孩子未来的幸福和成就。所以早期教育非常重要，而孩子的早期教育可分为有声教育和无声教育。

有声教育就是有语言参与的教育，孩子通过听觉知道了你在说什么而按照你说的去做；无声教育就是没有语言参与的教育，孩子通过视觉观察到你的行为表现以及你给他提供的环境表象而引起他内心的变化。

有时候，无声教育的效果要远远大于有声教育。你的举止、专注、安静、平和、善良、微笑、热情、快乐……这一切的行为表现都会对孩子起到潜移默化、“润物细无声”的教育作用。

如果一个人从小生长在充满智力、美育的环境中，并在这个环境中接受全方位的教育熏陶，那么这个孩子长大后基本上就能成为一个聪明机智、行为良好的孩子，甚至成为优秀的人才。反之，孩子若从小生活在一个愚昧无知、缺乏正面教育的环境中，那么他将难以成长为聪明伶俐的好孩子，未来也难有什么作为。

俗话说：龙生龙，凤生凤，老鼠的儿子会打洞。这句话乍听起来似乎颇有道理，但从早教的角度看，则大错特错。不过，那些所谓“成龙”、“成凤”的父母较之一般的父母更早地注意到了家庭教育的重要性。中央电视台2014年春节期间广受关注的“家风是什么?”采访话题，我至今仍记忆犹新。一个受过良好家风影响的孩子肯定比没有受过良好家风影响的孩子的素质要好一些。可以说，一个人从小接受什么样的教育、在什么样的环境下成长，他将来就会成长为什么样的人。想必许多老年人都曾看过一部名叫《流浪者》的印度电影，影片讲的是一个大法官在判案时，断定一个名叫达卡的强盗其本性就是强盗，并且其后代也是强盗。为了报复这个法官，强盗将法官

不到一岁的孩子偷走，并给这个孩子取名拉兹。从此，拉兹就在强盗群里长大成人，最终也成了一名强盗。后来，拉兹因为盗窃被抓，法官知道了缘由，懊悔不已。还有一个例子：众所周知，上海有个能指挥著名乐团的残疾人舟舟，他是个大脑有智障的孩子，其父亲在一个大型乐队工作。因为幼儿园不肯收有智障问题的舟舟，所以父亲只好带着他上班。在父亲排练时，两三岁的小舟舟也在一旁，每天都接受音乐的熏陶。长此以往，小舟舟的大脑里那些没有被损坏的音乐神经元被刺激、唤醒，渐渐地，舟舟"无师自通"，成了能指挥著名大型交响乐团的音乐指挥家。这两个典型事例都说明了一个问题：环境教育在一个人接受早期教育过程中的重要性以及产生的巨大作用。一个长期"近墨者黑"，最终成了强盗；一个则天天浸润在音乐世界里，成了音乐指挥家。

另一个事例就是关于在婴幼儿时期没有受到一点人类文化环境的熏陶，被剥夺了早期教育而成长起来的孩子的报道，那就是狼孩现象。

狼孩是从小被狼攫取并由狼哺育长大的人类幼童。世界上已知由狼哺育的幼童有十多个，其中最著名的是在印度发现的两个幼童。

1920年，在印度加尔各答东北的一个名叫米德纳波尔的小城里，人们常能见到一种"神秘的生物"出没于附近森林——往往是一到晚上，就有两个用四肢走路的像人的怪物尾随在三只大狼后面。后来人们打死了大狼，在狼窝里终于发现了这两个"怪物"，原来是两个赤身裸体的小女孩。其中大的七八岁，小的约两岁。后来，这两个小女孩被送到米德纳波尔的孤儿院去抚养，人们还给她们取了名字，大的叫卡玛拉，小的叫阿玛拉。可是到了第二年，阿玛拉就死了，而卡玛拉也只活到1929年。这就是曾经轰动一时的狼孩事件。

狼孩刚被发现时，生活习性与狼一样：用四肢行走；白天睡觉，晚上出来活动；怕火、光和水；只知道饿了找吃的，吃饱了就睡；不吃素食而要吃肉，且不用手拿，而是放在地上用牙齿撕开吃；不会讲话，每到午夜就像狼似的引颈长嚎。卡玛拉经过7年的教育，才掌握了45个词，勉强学会说几句话，开始朝人的生活习性转变。她离世时估计已有16岁，但其智力仅相当于三四岁孩子的水平。

在中国也有类似的事例。辽宁省台安县有个“猪孩”叫王显风，生于1974年12月23日，她的父亲是聋哑人，生母曾患过大脑炎，有智力缺陷。生母改嫁到一个山村的养猪户家里时，她还只是四个月大的婴儿。养猪户家与左邻右舍相距甚远，其房前有3个大猪圈。由于母亲有智力缺陷，继父也不喜欢这个孩子，几乎无视她的存在。于是孩子从小就经常爬进猪圈，跟小猪一块玩，吃老母猪的奶，老母猪也接纳她。稍大一点后，孩子就去猪槽里学猪仔吃猪食、啃草根，用身子蹭痒痒，还经常与大猪小猪睡在一起。家人对其放任自流，孩子最后成了“猪孩”。等被发现时，孩子已经快8岁了，其大脑的智力功能几乎丧失殆尽。

上述两个事例说明，孩子从小生长在什么样的环境下，他们就会很自然地长成什么样。从小在狼群、猪圈里长大，就只能成为“狼孩”、“猪孩”。

早期教育的四个重要作用

1. 早期教育可以促使人脑在快速生长期内脑功能更加发达

人体的各种器官中，大脑是最宝贵、最重要的器官。大脑的构造不同于人体的其他器官，它是特殊的物质，有近140亿个脑神经元，既是血肉之躯，又是精神活动的器官。大脑是心理成长的中枢，其成长需要两种营养：物质营养与精神营养，光有好吃的而没有有用信息的刺激，大脑发育就不全面，脑神经元网络简单，脑神经纤维就不发达，那么这个脑子就不灵活。为了验证这个道理，科学家曾做过如下的实验：

科学家们把刚生下的同一窝重量相同的小白鼠分成两组。一组让它们住在一个大房间里，那里光线充足，声音丰富，还配备各种玩具，如滚筒、楼梯、滑梯、秋千等，小白鼠可以自由自在地追逐玩耍。而另一组呢，将每一只小白鼠单独关在一个小笼子里，那里没有光线、没有声音，也没有玩具等。这两组小白鼠吃的食物都一样，均为高级营养品。这样分别饲养了19天，然后进行测试，结果却让人大吃一惊。两组小白鼠虽然吃的是同样的食物，但它们的“智力”水平却大相径庭：那组有吃、有玩、有声音、有伙伴及信息刺激丰富的小白鼠，显得非常机智、灵敏，将它们放到迷宫里，它们很快就能走出来，没有人能抓住它们，把好吃的东西藏在一边，它们也会很快找到；而那一组只吃不玩，没有任何信息刺激的小白鼠，则显得笨头笨脑，在迷宫里走不出来，被人抓到了也不知道跑，更不会主动去找吃的。最后，科学家将这两组小白鼠统统杀掉，并解剖了它们的大脑，想看看有什么差别。结果也让科学家们大吃一惊：那组有吃、有玩、有信息刺激的小白鼠，它们的大脑体积大、分量重，神经元长得饱满，神经纤维长得又长又密，神经元的成分如核糖、核酸以及各种蛋白酶都齐全，大脑发育很好；而那组只吃不玩的小白鼠则正好相反，它们的大脑呈萎缩状态，重量轻，体积小，脑神经纤维几乎没发育，脑神经元的组成成分也不齐全。

由此可见，即使是老鼠，其大脑的生长发育也需要精神营养的刺激，更何况我们人类赖以生存的大脑呢？

早期教育主要是指针对0～6岁的孩子，利用各种有用的信息，有效刺激孩子大脑的神经细胞，并促进其生长发育的教育。具体有哪些刺激内容呢？有认知的刺激、音乐的刺激、文字的刺激、外语的刺激、数学的刺激、绘画的刺激、运动的刺激等。总之，刺激的内容越多、越丰富、越复杂，大脑就长得越饱满、越健康，大脑功能就越发达。所以我们千万别错过孩子大脑快速生长期的教育，一旦错过，之后的教育效果将会大打折扣。

2. 早期教育可挖掘人类的智慧潜能

人类的智慧潜能到底有多大，现在谁也说不清。但据国内外心理学界、教育界的一个共识：社会上的一般人，当然也包括你和我，智力潜能仅仅开发了3% ~10%，就是像爱因斯坦那样伟大的科学家也只开发出17%的大脑智慧潜能。美国麻省理工学院的研究结果显示，仅仅就人的记忆能力来说，如果能获得充分的开发和发展，而且一生好学不倦，那么能记住的知识将是美国国会图书馆内1 000万册图书知识的50倍。

为什么人类的大脑能有如此巨大的智慧潜能呢？这与人类的进化史有关。人类赖以生存的大脑是这样进化而来的：遗传—经历—适应—变异—储存—遗传。数百万年来，人类的大脑就是延续着这样一条规律慢慢进化而来的，一个新生命带着父母的遗传基因来到世界，他要经历环境的变化，慢慢适应这些变化而生存，因适应这些变化而衍生的心理反应与他内心深处原有的遗传基因产生了巨大反差，于是把它们都储存在心里，然后再结婚生子，并将自己的基因又遗传给下一代……所以我们比人类的祖先更聪明，更能适应环境的变化，我们的孩子也是一代更比一代强。

关于人类大脑的潜能，日本早教专家井深大先生讲了这么一个故事：在日本筑波博览会上，在展出的物品中，一株西红柿树引起了轰动。这株西红柿的种子是在极普通的西红柿种子中随意选取的，没有任何特别，但科学家却把这粒种子放在最特殊、最优良的环境中进行培育。别的西红柿种子是种在土里，它却是用水耕法种在水里；其他西红柿用普通肥料，而它所用的肥料是按比例特别配制的；其他西红柿在普通的自然环境中生长，而这株西红柿则得到了最适当的温度、最适宜的湿度、最充足的光照。经过这样最优环境、最精心的培育，这株西红柿长大成熟以后是怎么样的呢？在自然环境下长大的普通西红柿，其覆盖面积只有1/3平方米，而这株受到特殊待遇的西

红柿却长得又高又大、枝繁叶茂，覆盖面积达 12 平方米；其他西红柿每株只结七八个或最多结十来个果实，而这株西红柿树竟然结了 13 000 个西红柿，是普通西红柿产量的1 000倍以上。

井深大先生总结道：一株植物的潜能获得充分开发后尚且如此惊人，更何况人类的婴幼儿呢？如果孩子从小能在最优的环境中成长，哪怕人的智力潜能再多开发出 0.5%，那也能成为天才了！

我虽然对专家的这个总结将信将疑，但对他所讲的科学道理还是深信不疑的。婴幼儿确实是带着人类巨大的智慧潜能来到这个世界，如果我们能给予他们科学合理的早期教育，充分挖掘他们的智慧潜能，将会有意想不到的收获。

3. 早期教育是一个人受教育的最佳时期

“最佳期”教育理论这一学说是奥地利动物学家、诺贝尔奖获得者劳伦茨开创的，他通过一个实验说明了这个问题。劳伦茨的动物试验场里饲养着灰天鹅。他经过长时间的观察，发现了一个奇怪的现象：小灰天鹅破壳而出时，它会把第一眼看到的动物当成自己的妈妈。如果出壳时老灰天鹅在眼前，它就喜欢老灰天鹅；如果是母鸡把它孵化出壳，它就会跟着母鸡走。童话故事《丑小鸭的故事》说的正是一个天鹅蛋被一只鸭妈妈孵化出来，这只刚孵化出来的小天鹅就将鸭妈妈当成自己的妈妈，跟着鸭妈妈玩，可是其他的小鸭不喜欢这个小伙伴，老欺负它，丑小鸭待不下去了，只好离开鸭妈妈……这个故事大家都耳熟能详，就不多说了。劳伦茨继续他的实验：小灰天鹅出壳时只有劳伦茨在看它们玩，给它们喂吃的、喝的，没有灰天鹅妈妈鸡妈妈或鸭妈妈，小灰天鹅就把劳伦茨当妈妈了，无论他走到哪里，身后都会跟着一群摇摇摆摆的小灰天鹅。劳伦茨去游泳，小灰天鹅也跳进水里，并且亲热地啄他的头发、胡子。所以附近的人们给劳伦茨起了个绰号，叫“长胡子的天鹅妈妈”。

这件事使劳伦茨发现了“新大陆”，他又做了一个实验：禁止小天鹅出生时任何动物去接近它，而他自己也躲起来观察，结果小天鹅就只顾自己吃东西自己玩。几天以后小天鹅就再也不需要妈妈了，即使看见了老天鹅也不予理睬。

经过反复实验，结果都是如此，于是劳伦茨把动物出生后最初认母亲的行为称为“母亲敏感期”，若错过这个时期，就再也不能产生敏感，也无法弥补。

之后，人们又做了大量类似的实验，结果都证明敏感期是存在的，如小鸡、小鸭、小狗、小猫都有不同的敏感期。小猫从小不给它吃老鼠肉，它就不会去捉老鼠；小狗从小不让它吃屎，它长大后也不吃屎。所以，人们常说的“狗改不了吃屎”其实是不科学的。人们把这种“敏感期”的现象称为大脑接受事物的“最佳期”。

那么人有没有生长、发育、发展的最佳期呢？答案是肯定的。孩子生下来如果不跟母亲在一起，那么他半年以后就与母亲不亲热，甚至不认识母亲了，所以孩子还是妈妈自己带最好。智力的发展也是如此，说话发展的最佳期是2岁前，识字的最佳期是3岁前，学数学的最佳期是4岁前。一个人若想成为优秀的小提琴手就要在3岁左右开始有目的地加以训练，要想成为钢琴大师则必须在5岁前开始学习……这些说法是否正确，还有待证实。但有一点是得到心理学界共同认可的，那就是婴幼儿时期是智力开发的最佳期，错过这一时期，智力开发将会事倍功半，甚至徒劳无益。

所谓最佳期的理论，被心理学界总结为智力发展“递减学说”，即孩子越小则智力发展可能性越大，越好开发，可起到事半功倍的作用。而随着年龄的增长，智力发展的可能性就会随之递减。

美国著名心理学家布鲁姆经过大量研究后指出：如果一个人长到17岁，

智力发展达到 100% 的话，那么 4 岁前将发展 50%，8 岁时达到 80%，8 岁到 17 岁这 9 年时间里将发展剩余的 20%。日本右脑开发权威专家七田真的智力发展学说认为：智力的递减速度更快，其递减规律犹如一个等腰三角形，在 0 岁时发展最快，是三角形的底，8 岁时就快到三角形的顶端了，智力再也不会明显提高，在那以后，只能增长些知识和技能罢了。

现实生活中，我们如果留意观察人的成长，会发现智力和能力的发展确实是遵循着递减规律。那些著名的戏曲演员，不论是京剧、越剧、豫剧还是黄梅戏，都有好多被称为“五龄童”、“六龄童”的小演员，虽然他们五六岁就登台表演，但他们在更小的时候就已经开始看戏、学戏了。两三岁时他们就跟着家人经常进出排练场接受戏曲训练，在孩子感兴趣的情况下，经家人点拨，他们很快就能学会，这就是抓住了最佳期的教育。还有杂技演员，也是在孩子四五岁时就开始有计划、有目的地进行科学训练，这样才能取得好成绩，如果等孩子长大了再训练就为时已晚了。

一个人学音乐、美术、外语、游泳、溜冰等，统统要在最佳期进行，这样才能收到事半功倍的效果。

4. 早期教育是人生性格基础养成期的教育

人的性格对人的成长极为重要，一个人如果有优良的性格品质，那将终身受益；相反，如果没有一个良好的性格品质，或者染上恶习，那也必将贻害无穷。

一个人性格的基础部分是在孩子的早期生活中养成的，它决定着一个人今后的发展方向。日本早教专家井深大曾说：“早期生活养成的习惯信息，会像血肉一样长在脑内，长期发挥着作用。”所以有些人一旦从小养成了坏习惯、坏毛病，以后想改就很难。而且年龄越大，人的习惯和思维模式就越顽固，好像一株盘根错节的大歪脖树，难以从根本上扶正、扶直，强行矫正只会折断，造成极大的痛苦和伤害。俗话说“江山易改禀性难移”，说的就是这个道理。小时候形成的任何行为、习惯在长大后都不容易改过来，连小时候学会的家乡话也是终生难忘的。一个孩子5岁前如果没有早起的习惯，爱睡懒觉，那他长大后便很难再有自觉早起的习惯。人们所说的“三岁看大，七岁看老”就是这个意思。

通过对早教理论的学习，我深刻地认识到，要想对孩子很好地实施早期教育，首先得认真学习早期教育理论的内容，因为只有把理论弄明白了，并融会贯通，实际操作起来才会得心应手，游刃有余。

婴幼儿素质教育的探讨

素质教育主要包括内在素质和外在素质。内在素质主要是人对世界、环境、人生的看法和意义，包括人的世界观、人生观、价值观、道德观等，也就是一个人对待人、事、物的看法，也可以称为人的“心态”。外在素质就是一个人具有的能力、行为和所取得的成就等。

时下，素质教育是个全民热议的话题。到底什么是素质教育？“素质”一词在最新版的《现代汉语词典》中有三个解释：①事物本来的性质；②素养；③心理学上指人的神经系统和感觉器官上的先天的特点。而素质教育是指以提高人的素质为根本宗旨的教育。在教育的各个环节中，全面实施德育、智育、体育、美育，着重培养孩子的创新精神和实践能力。素质教育应该从娃娃抓起，孩子越小越易于接受教育。早期素质教育是人生最基础的教育，也是提高人才素质的教育。

根据人的成长阶段，一个人的素质体现可以分为以下四个阶段：

第一阶段：人一出生的素质体现为“潜在素质”。国家大力提倡优生优育，目的就是让每一个出生的宝宝从一开始就具备一个良好的素质，即我们常说的“赢在起跑线上”。

第二阶段：从出生到6岁，是孩子“基本素质”的形成期，也就是我们常说的早期教育。

第三阶段：从6岁到18岁，是一个人“自我发展素质”阶段，也是一个人继续深入学习自然科学知识和社会科学知识的时期。

第四阶段：18岁以后，是一个人的“自我发挥素质”阶段，也是一个人综合能力体现的时期。

那么，我们应该对孩子进行哪些素质教育呢？这就回到了关于“素质”一词最基本的三点解释上了。第一点是关键，充满了可教育的部分。人在生理上的原有特点，也就是人与生俱来的生理器官上的功能特点，如人的眼睛能看东西，耳朵能听声音，鼻子能嗅味道，牙齿能咀嚼食物，胃能消化食物，小肠能吸收营养，肺部能呼吸，四肢能运动等，这些生理器官的功能都能反映出原来的特点，也就是一个人原始的生理素质。

但这些器官在今后的成长发育中，功能质量的好坏，也就是生理素质的好坏，是因人而异的。如果一个人注意保养，合理饮食，规律作息，科学锻炼，那他就会有健康的生理素质，反之则不会有健康的生理素质。同样，对于我们的小宝宝，家长如果学习一些科学的育儿知识，在孩子的日常生活中注意他们的吃、穿、睡、玩等，那么孩子肯定会健康、茁壮成长。

在培养孩子的过程中，家长往往对其生理成长比较关注，因为它是可以看得见的，同时也是有经验可借鉴的。但是对看不见的孩子的心理成长，我们往往容易忽略，这样势必会影响孩子的身心健康及其全面发展。

那么，孩子的心理成长应该注意哪些方面的问题呢？对于这个问题，可谓是见仁见智。我既不是心理学家，也不是教育专家，只是个早期教育的爱好者，对婴幼儿的心理成长及其规律略知一二，现将我的认识、体会与大家一起分享一下。

婴幼儿的心理素质成长分为两部分：智慧素质系统的成长与情感素质系

统的成长。

智慧素质也叫智力、智能素质。说白了，就是指一个人的聪明程度。要想孩子聪明，可以从以下几个方面给予认真、耐心的培养教育，并时刻以此作为提高孩子智慧素质的标准。

1. 感知觉素质

感知觉素质又分为感觉素质与知觉素质，先感觉后知觉。有这么个笑话：传说古希腊人爱喝酒，手举精美的夜光酒杯，杯中斟满了美酒，美酒的色、香、味令人陶醉，使人的眼睛、嘴巴、鼻子大饱其福，唯独耳朵无缘享受。于是人们想方设法在喝酒时频频举杯、碰杯，因为这样喝酒会给人的五官带来愉悦，所以宴会上碰杯的习惯就这样形成了。当然这只是个笑话，不过也说明人的感知是通过五官获得的。

人脑通过身体的某个感觉器官，对外界个别事物属性产生的反应叫感觉。多种属性传入人的脑子，再产生综合反应的叫知觉。比如一盘香喷喷的炒菜，眼睛看到了，鼻子闻到了，嘴巴又尝到了，人们就会赞不绝口，这多种属性的信息传入人的大脑中，就会产生知觉：这是一盘炒菜，一盘香喷喷的炒菜。

感知觉是人接受知识的第一步，一个人看多了，听多了，摸多了，感觉多了，慢慢也就产生知觉了，这样大脑里感知的东西也就多了。要提高孩子感知觉的灵敏度，就要多注意训练孩子的五官，让他们多看、多听、多闻、多触摸，从而感知大千世界。

2. 观察力

观察力是感知觉的高级形式，观察是有目的、有计划的感知觉行为。人通过认真观察，就能获得大量的感性信息，这些信息再通过大脑的思维转化为知识。所以观察是一种很重要的智慧素质。俄国生理、心理学家巴甫洛夫常把“观察、观察再观察”作为自己的座右铭。观察越多、越深入、越仔细，对知识的认识就越透彻、越丰富，对世界的认识就越清楚。

我们要注意培养孩子的观察习惯，让孩子认真、仔细地看，时时、事事、处处注意培养他的观察能力。

3. 注意力

有这么个小故事：有一天，英国大科学家牛顿在家里盛情请客，可是到了进餐时间他还在实验室里专注工作。客人等了很久，不见主人出来，只好自己先吃，可吃完饭了还不见牛顿下来，又不敢打搅他，于是只好自行散去。后来牛顿终于想起请客吃饭这件事，他来到客厅，看见桌子上有啃过的骨头，便自言自语说：“哦，我已经吃过饭了！”然后转身回去，继续专注于他的研究去了。这就是注意力高度集中的最佳典范。

注意力是指人的心理活动对一定事物的指向和集中。注意力的集中可以使人的大脑对所注意到的事物产生优势兴奋，从而进行有效的观察、记忆、思考，将事情做好。

一个人主动去观察、分析、思考当前事物而引起的注意就是有意注意。有意注意是主观因素引起的注意，有人的意志力参与，但婴幼儿多半是无意注意，并且注意的时间很短。对于有意义的、需要孩子注意的事物，我们要充分利用孩子的无意注意，将需要他们注意的事物变得生动有趣、富于变化，以引起孩子的注意。

我们既要充分利用孩子的无意注意，也要培养、发展他的有意注意。而发展孩子的有意注意要用科学的方法，要循循善诱，不能用简单、粗暴的方法强迫孩子去注意。当孩子注意力分散时，父母千万不要大喊大叫，又是骂又是数落的，这样会使孩子精神高度紧张。

所以，家长在提醒孩子注意时，声音一定要温柔，态度一定要和蔼，让

孩子在轻松的气氛中注意事物。

4. 兴趣

因为兴趣是人产生注意力的源泉和动力，能把注意力的“门户”打开。对孩子来说，“兴趣是最好的老师”。所以早期素质教育一定要在孩子的兴趣上多下功夫。

兴趣是一种倾向性的心理活动，人对感兴趣的事物，会不知疲倦地去做、去看，而对不感兴趣的事物，则很难提高注意力。对孩子来说更是如此，他对自己喜欢的、感兴趣的，才会去注意、观察，并认真去做。而培养、启发孩子的兴趣，要通过在生活中引导、在游戏中启发这样的方式来实现。因为丰富多彩的生活素材是兴趣的源泉和动力。生活教育的内容范围很大，我们要将生活教育的内容变得生动、有趣、好玩，从而引起孩子的兴趣，吸引孩子去看、去做、去体验。

培养孩子的兴趣应该注意以下几个要点：

（1）要培养孩子健康、恰当的兴趣。

（2）要培养孩子广泛的兴趣爱好，但也要发展孩子的中心兴趣。

（3）大人首先要表现出对生活中各种活动的浓厚兴趣，才能感染孩子。

（4）孩子初感兴趣的活动，大人应视情况帮助他去完成，以提高他的兴趣。

（5）对孩子完成的活动，大人要给予表扬与鼓励，从而激发孩子更大的兴趣。

（6）孩子从事有益的兴趣活动，并玩得高兴时，大人千万别给予打击。

（7）有机会让孩子参加一些他们感兴趣的比赛活动，让他们充分展现自己，这样更能增强孩子的兴趣和自信心。

5. 记忆力

一个人如果记忆力一般，那他只能是一个普通人，从事普通的工作；如果他要想成为杰出的人才，高超的记忆力是不可或缺的。由此可见，记忆在人的成长、成功的道路上起着举足轻重的作用。

记忆这个东西是越用越发达，越用越灵活。所以培养孩子拥有高超的记忆能力是早期素质教育一项很重要的内容。

那么，如何培养孩子的记忆能力呢？在此，我谈一下个人的经验：

（1）记忆这个东西是个“小懒虫”，但这个“小懒虫”它是听命令的，你经常命令、指挥它，它就会乖乖听话，这样就能记住事物或者对其有印象了。对小孩子而言，需要大人经常、反复地将需要记忆的内容不断给予提醒，这样才会达到记住的效果。

（2）要从小养成随时记忆重要的事情、人物、历史事件和知识的习惯。这一习惯的养成，需要大人负起责任来，将自己所知所学和觉得有必要的内容让孩子知道。你要不厌其烦地告诉孩子，别怕孩子记不住、不爱记，其实孩子的记性好着呢。你说多了，他自然而然就会接受一些。当然你要注意说话的语气要平和，态度要认真，注意你所讲的事物要有趣味性、针对性。

（3）记忆跟一个人的情绪好坏有直接的联系。孩子在情绪高涨、积极主动性高时最容易记忆。所以我们要选择在孩子心情愉快、情绪高涨的状态下，告诉他一些该记忆的东西；相反，孩子心情不好、闹脾气的时候是不会记事的。

（4）记忆跟兴趣有关。自己喜欢什么就容易记住什么，喜欢的东西也容易记住，反之则怎么都记不住。我的小外孙对汽车玩具非常感兴趣，所以一个汽车玩具玩了好几年了，他还记得哪年哪月哪日在哪里买的，谁买的，甚至还记得多少钱买的。

（5）记忆跟注意力也有着密切的关系。心不在焉、注意力分散则很难记住东西，而专心致志、集中精力则容易记忆。

（6）记忆分短时记忆和长久记忆。有些事情不需要长时记忆的就不要永久记忆，如别人让你传个话，或记个电话号码，或者自己一会儿要去做什么，明天要去谁家等，这些不重要的事情可以暂时写在一张小纸上，办完以后就可以忘掉。但重要的事情、知识等都需要牢记，而且需要长久记忆，不能遗忘。所以对于父母而言，要选择重要的事情、知识经常跟孩子说，反复告诉孩子，不断提问孩子，不要嫌麻烦。

（7）建立记忆仓库。记忆的内容多了，会感到杂乱无章，此时就需要整理“记忆仓库”，将其分门别类地存放在各个“货架”上，以帮助孩子梳理哪些是自然科学知识，哪些是社会科学知识，哪些是数学知识，哪些是文学知识等。父母要帮助孩子将这些知识进行一番梳理，并记录在册，以方便孩子记忆和日后学习使用。

（8）记忆还需要动脑筋，找窍门，总结经验。常见的记忆方法包括：情景记忆、联想记忆、编歌记忆、朗读记忆、题目记忆、列表记忆、改错记忆、回想记忆、规律记忆、闪念记忆、图文记忆（后两种属右脑开发范畴）等。我们要视情况给孩子建立记忆库，并将其分门别类地写在各种不同的小日记本上，以便随时翻看查阅。

（9）记忆内容需要经常重复，不然很容易遗忘，尤其是年龄还小的孩子，他们如果不经常复习暂时记忆的东西，就会忘记得更快。我们成年人与孩子的记忆有这么一个规律：成年人学知识能很快学会、记住，一般一两天内忘不掉，记忆力好的三四天也忘不掉，可过一段时间就很难说了；婴幼儿学知识一开始很难记住，而一旦记住，平时多加提醒、多提问几遍就很难忘掉了。掌握了这个记忆规律，我们告诉孩子的知识，就需要大人不时地给孩子复习、提醒、提问，以及让他进行复述。当然在这一过程中我们要多动脑筋，想办法让孩子愉快地学习，让他感到轻松，没有任何压力，因为有趣的学就是玩，有益的玩就是学。

6. 思维力

思维是人认识客观事物本质最重要的心理功能，是智慧系统的核心。人不能直接感知和观察到的事物，可以通过思维来间接认识和了解。如昨晚下了一夜雨，早上雨停了，人们出门看到路面凹下去了，形成了一个水坑，可能就会联想到这个路面的地基没有填实，被雨水冲塌了，人们虽然没亲眼看到地面坍塌的情景，但是经过大脑的分析猜测到了。这就是思维的间接性。

思维还有一个很重要的特点，它能借助语言文字（思维的工具）概括地认识万事万物的规律。如“根深叶茂”、“春华秋实”、“硕果累累”、“落叶知秋”等成语，就是人的思维通过语言文字，概括地反映了植物生长的规律，而不是专指某一棵树、某一朵花的意思。

思维有正向思维、反向思维、平面思维和立体思维。我们要根据孩子的实际情况慢慢训练。例如想把一个鸡蛋竖立起来，该怎么办？对于这个问题，可以让孩子大胆地想象。若孩子实在想不出来，大人可以适当给予提示。

7. 想象力

想象就是在头脑中创造新事物的形象，或者根据语言的描述，想象出那个事物的情景。想象是创造发明之母，无论是科技发明、文学创作、社会改革，还是绘画、演讲、写作文等，都离不开人的想象力。想象的事物并不是现实的事物，但也不是凭空捏造的，而是现实生活中知识的积累，对表象的深入观察，头脑的思维和语言词汇描述的结果。例如，中国人常说自己是“龙的传人”，但世界上并没有龙，为什么中国人能画出龙的图像呢？我们看到画中的龙有须有角，有鳞有爪，能腾云驾雾，可见龙的形象还不是因为人

们在生活中看到鸟会飞有爪，鱼有须有鳞，兽有角，大蟒会游动等现象，然后经过大脑的想象加工最后才形成的吗？我们甚至还幻想出龙会行云下雨，引起潮涨潮落，又幻想出东海龙宫里的海底世界，还有那些神话故事等，这些都是想象的结果。

发展孩子的想象力要从丰富多彩的生活中去培养，从广泛的阅读中去启发。

8. 知识、技能、能力

（1）知识。知识是人们在社会实践中所获得的认识和经验的总和。比如，宇宙、地球、自然、物理、数学、语文、卫生等方面的知识。这些知识内容都是人类在历史的长河中，通过观察、实践慢慢总结出来的，是我们每一个人在进入社会前必须学习和掌握的。

孩子需要学习的知识就是玩，有趣地玩，科学地玩，并从玩中学到知识。家长也要在孩子的玩耍中传授浅显易懂的知识。

（2）技能。技能是指掌握和运用专项技术的能力。比如，打字、修车、驾驶、游泳、溜冰、烹饪、演讲、跳舞等技能。孩子的学习技能还是玩，会玩、巧玩、敢玩，玩出新花样。

（3）能力。能力是指能够胜任某项任务的主观条件。例如，侦破能力包括现场侦查、案情分析、线索查找、证据收集、嫌疑人提问等一系列的工作。能力的种类很多，如演讲能力、社交能力、写作能力、生活能力、生存能力等。对于小孩子，不能要求他的能力有多高，只要在他玩的过程中培养其独立能力、动手能力以及人际交往能力就足够了。

对于人而言，知识和技能的掌握比较容易，在短时间内即可有所收获，但也比较容易遗忘和消失。而能力的发展则比较缓慢，且一旦形成就十分稳定。人的知识和技能在一生中可以不断地增加和积累，但能力会随着年龄的增长而停滞，继而衰退。

知识、技能、能力，三者有着密切联系：知识越丰富，技能越熟练，能力就越强。反过来说，如果人的能力发展水平高（如自学能力），那他就可以很快获得更多实际有用的知识和技能。所以教育千万不可只重视知识和技能的培养而忽视能力的培养。

情感素质是心理素质的第二个系统，也叫情志性格系统。它是人发展、进步、自身内在的动力系统。情感系统有两极性，优良的情感起积极的作用，不良的情感起消极的作用。情感系统主要包括情感和情绪、意志力、性格和动机。

1. 情感和情绪

人是有情感的高级动物，情感在外部强烈表现时叫情绪。情感和情绪是一种心理力量，如愉快、满意、喜爱、厌恶、气愤、憎恨、悲哀、恐惧等，都会产生与其相应的影响，有时鼓舞人积极上进，有时能腐蚀灵魂，让人消极颓废。例如孩子对动手、动脑的智力活动产生愉快、喜爱，甚至兴高采烈的情绪，这是积极情感的表现，它能驱使孩子产生强烈兴趣，进入创造和发明。如果孩子对周围的事物毫无兴趣，缺乏好奇心，厌恶学习，那就是消极情绪。

一般情况下，孩子应有的良好情感是：快乐、满足、热情、喜悦和友爱感、幸福感，这种情感称为良好的心境，它会使孩子愉快平静，积极向上，智力活跃，自制力强，有利于身心健康的发展。

良好的情感情绪不是靠“说教”和“命令”产生的，它是通过生活激发、鼓励、表扬而产生，特别是容易受到他人情绪的感染。让孩子欣赏大自然，进行艺术熏陶，能使他产生热爱自然和艺术的美感；给孩子讲述有趣味的科学知识，进行实验操作，能激发和增强孩子的求知欲；给孩子讲爱国故事、介绍英雄人物、看爱国影片，能激发孩子的爱国主义情操。

2．意志力

什么是意志力呢？有这么一个故事：公元前490年，古希腊人在一个叫马拉松的地方与敌人作战，在经过艰苦卓绝的战斗后获得了最后的胜利。这时有一位士兵名叫斐迪辟，从马拉松平原跑到希腊首府雅典去报喜讯，他一口气跑了42公里195米，跑到了目的地后高喊：“我们胜利了”，然后倒地身亡。为了纪念这个士兵的激情和意志，希腊雅典在1896年举办的第一届奥林匹克运动会上决定用斐迪辟跑的这个距离，将其设置为一个长跑运动项目，称为“马拉松长跑”。奥运会中的这个项目一直延续至今，这就是今天马拉松长跑的由来。

是什么力量使得那个士兵坚持一口气跑完40多公里呢？那就是一个军人坚强的意志力。所以，意志力是人为了实现某种目的，自觉克服困难，坚持到底的心理力量。

意志力有三大特点：有明确的目的性，受自己思想的支配，与克服困难相联系。

了解了意志力，就不难看出培养孩子的意志力是多么重要。因为人在成长的路上，必然会有许多大大小小的目标要依靠自身去支配行动，另外还要克服种种困难和挫折才能实现目标。孩子今天的生活、学习会有困难，长大以后更有事业上的困难、挫折，甚至失败的出现。另外，还可能要应付种种不幸，如亲人的离世，病魔突袭，被冤枉，遇到灾难等。意志坚强者都能扛过去，而意志懦弱者则会丧失生活的勇气，从此一蹶不振。所以我们从小就要培养孩子具有坚强的意志。

那么该怎么做呢？首先要经常教育孩子对所要做的事有正确的认识，懂得其意义、重要性和科学规律，再付之以积极的情感和兴趣，这样才能明确目标，有热情去奋斗，克服困难，到达成功的彼岸。

发明大王爱迪生为了发明电灯，实验过 1 600 多种材料，经受了 8 000 多次失败，前后共花了 20 年的时间，直到 1906 年用钨丝在真空灯泡内通电发光，这项发明才大功告成。人类历史上这种例子数不胜数，伟大的成功都是建立在顽强的意志基础之上的。如马克思写《资本论》用了 40 年时间；达尔文写《物种起源》是建立在艰难地周游世界，其后又坚持创作 22 年的基础上才完成；法布尔花了 30 年写成《昆虫记》，轰动世界；李时珍的《本草纲目》用了 27 年才写成；而歌德写《浮士德》前后坚持了 60 年之久……这类故事在科学家的传记里有很多，等孩子认字以后家里要多准备这一类的书籍，多给孩子讲，多让孩子看。

锻炼孩子的意志要从小事做起，正如荀子所说："合抱之木，生于毫末。九层之台，起于累土。千里之行，始于足下。"教育无小事，点点滴滴积累方可成大器。因此，在孩子的生活中，要注意磨炼孩子的意志，让孩子坚持早起锻炼，不睡懒觉，学会生活自理、合理安排作息时间，多动手、动脑，做事有始有终，精益求精，胜不骄败不馁等，这些行为要逐步严格要求，不可松懈，不可半途而废，要让孩子将这些行为变为自己的习惯。高尔基说过："哪怕是对自己的，一点小的克制，都会使人变得强而有力。"

习惯是意志的得力助手，有了良好的习惯，意志行为就容易完成，因此家长一定要注意培养孩子的优良习惯。著名教育家叶圣陶先生说过："什么是教育？简单一句话，就是养成良好的习惯。"

3. 性格

什么是性格？性格是一个人在主观与客观的生活中对事、对物、对人、对自己、对成败能始终如一，表现出稳定的态度和习惯化的行为方式。如热情的人一贯热情，自信的人一直充满自信，勤劳的人终身勤劳，勇于开拓的

人一直富于创造……这都是由稳定的性格决定的，难以改变。所以优良的性格是一种强大的力量，使人变得高尚、高大；相反，性格冷漠、自卑、懒惰、懦弱、自私、保守等也是一种力量，不过是一种消极的力量，会阻碍一个人的前进方向。

性格，在情感系统里有着特殊的重要地位，是情感系统的核心。一个人性格的优劣与他的前途关系密切，古希腊哲学家赫拉克利特曾说："人的性格就是他的命运。"

4．动机

动机也是一种高级心理力量，是由人的生理和社会的需要而引起的心理状态，是激励人去行动以达到一定目的的内在原因。不同的人会产生不同的动机，有的人为了奉献社会而助人为乐、见义勇为，这是积极动机的结果；有的人为了获取私利而贪污腐败、行贿受贿，这是消极动机的结果。

动机对小孩来说还谈不上，但产生动机的基础是在婴幼儿时期奠定的。好的行为习惯，好的情感世界往往会产生积极的动机力量；相反则产生消极的动机苗头。所以对孩子的教育，还是应该放在行为习惯、情感情绪、品德教育上。当孩子进入少儿期，真正的行为动机就会产生。不过这时的动机只能算是一种发展方向、蓄势待发的动机。

18世纪中期，英国一个小男孩被炉火上烧开的水壶所吸引，沸腾的水蒸气把水壶盖掀起来，发出扑哧扑哧的响声。他很惊讶地问奶奶："水开了，为什么壶盖被掀得上下跳动呢？"奶奶不知道该如何回答这个问题。结果这个问题一直萦绕在小男孩的脑中，成为他的好奇心。小男孩长大后经过几十年的研究，终于发明了蒸汽机，成为杰出的发明家，他就是瓦特。这就是因为好奇心的动机而产生的伟大力量。所以，我们在日常生活中一定要多激发孩子的好奇心，对观察、接触到的现象要允许孩子多问几个为什么，多鼓励孩子动手做实验，让旺盛的求知欲始终伴随孩子成长，创造性人才就会从此诞生。

此外，让孩子经常参加一些学习活动，如各种竞赛、表演、比赛等，这些都有助于加强孩子正确动机的产生。

科学认识婴幼儿

每一个能学会说话的孩子都不是笨孩子，只要给予他和学说话同样的环境及教育条件，他就能学到人类可能掌握的一切知识，充分发挥出他们的聪明才智来。

——［日］铃木镇一

在讲这个问题之前，我可以很肯定地说："只要是正常出生的宝宝都是可爱的，只要他能学会说话，就是一个聪明的孩子，一个听话的孩子，一个充满了希望的孩子。没有任何一个孩子生下来就是笨孩子、坏孩子。"科学研究表明，要开发孩子的智力，3 岁以前是黄金时期。美国人类潜能开发专家葛兰·道门教授认为，每个正常的婴儿，出生时都具有像莎士比亚、莫扎特、爱迪生、爱因斯坦那样的潜能，聪明和愚笨只是环境不同的产物。

所以，我们不要总是用老眼光来看待我们的小宝宝，我觉得每一个刚出生的孩子都是充满无限希望的。他们就像一张白纸，我们可以在上面描绘出最绚烂的图画。我们要从科学的角度重新认识我们的小宝宝，相信他们，欣赏他们，爱护他们，教育他们，对他们的未来满怀无限的憧憬。

我们重新认识了小宝宝后，还得了解他们在 6 岁前能自然而然学会哪些知识，他们又是如何学会这些知识的？

1. 智力的曙光

从表面上看，刚出生的小婴儿确实显得有些“无能”，除了会吃、喝、拉、睡，别的啥都不会。但这是新生儿最基本的生理需要。其实，小婴儿刚出生就有了精神生活的需要，有最原始的“观察”、“交往”、“模仿”的行为表现，渐渐长大些，还会有智力活动的表现，并会有动物界无法比拟的表现特征和各种条件反射：会笑、会看、会抓。记得我的小外孙刚从产房推出来时，我上前看他，只见他冲我咧嘴一笑，当时可把我高兴坏了，至今也忘不了那一幕。

小外孙刚出生没几天，我去摸他的小手，想掰开他的小手看看其指纹到底有几个螺纹，谁知道他很快就握住我的手指，握得还挺紧，这就是一种条件反射。然后，我又用手轻轻地挠他的小脚心，结果他的脚趾头很快就往里缩了。上述这些都是孩子原始智力曙光的反应。除此以外，小婴儿还有其他智力曙光的反应：

（1）喜欢交往。小婴儿喜欢大人和他说话，喜欢看大人的脸。正在哭闹的小宝宝，你把他抱在怀里他立刻就不哭了，并看着你（生病除外）。这就是交往行为的雏形。

（2）伴随行为。这是最早的无意识模仿行为。在小外孙吃饱睡足，精神饱满时，我用舌头轻舔他的嘴角，他的小舌头立刻就伸出来与我的舌头碰在一起。我对着他吐舌头，他看着我，也将他的小舌头吐出来一点点。

（3）共鸣动作。两个多月大的婴儿，你在他的胳膊上系一根小绳，绳子的另一头挂在他的小床上方，绳头系个小铃铛，他一晃胳膊小铃铛就会响，等他发现以后，会不时晃一下小胳膊去听铃声，自己还会高兴地笑，这就叫共鸣动作。很快，小宝宝自己就学会玩了。

上述这些都是人类脑功能最原始的智力曙光。过去老年人凭自己养儿育女的经验说："三天的细娃比狗灵。"小婴儿正是凭着这天生的灵气，大胆地探索世界、观察世界、了解世界、融入世界。6 岁以前，他就能自然而然地学会人类生存的各种基本技能，能知道、认识并学会人类基本生活常识的 90% 左右。具体而言，小宝宝能学会哪些本事呢？

2．6 岁前自然而然学会的本事

（1）认人。人的脸面各式各样（双胞胎的脸除外），但事实上大体一样（起码中国人的脸都差不多），这些外形特征如果不认真看的话，还真不好区分。但三个月大的小婴儿就能认识母亲，半岁左右就能分清谁是家人、谁是熟人、谁是陌生人，很快就进入认生期。这种认人方式不用教，宝宝自己就会识别。

（2）认物。周围看到的、接触到的物品成百上千，要是小宝宝注意到了，或者大人告诉他了，他就会轻而易举地记住，尤其是他感兴趣的物品，更是过目不忘。

（3）运动和直立行走。只要发育正常，每个孩子都会按照正常的成长规律学会这个本事。一般正常的规律是：三翻六坐七爬爬，一岁左右挪步步，两岁三岁不让管，四五六岁管不住。

（4）记事。随着年龄的增长，孩子由无意识渐渐向有意识发展，自然而然就要记事了，这是成长的自然规律。你可以用一些简单的问题问他：比如，"宝宝，妈妈的相片在哪里呀？"、"家里的电灯开关在哪里呀？"、"你的小汽车放哪里了？"、"你的鞋子放哪里了？"、"咱们家的水果放在哪里呢？"、"哪个是你的小碗啊？"……这些问题一般在孩子 1 岁左右就可以回答了。

（5）交往。交往是人类的天性，也是孩子的天性。孩童时期，孩子自然原始的交往无须大人教就会。小孩找小孩，小孩看小孩，他们的交往是单纯的，无目的的。

（6）用手操作。这也是孩子成长过程中自然而然会主动学习的内容，见大人干什么，他就想学着干什么，这也是一种表现自我心情的方式。

（7）掌握语言。学说话也是随着孩子年龄的增长，在特定的语言环境中，孩子能掌握的一个本事。语言又分为听觉语言和视觉语言，听觉语言是在家里人每天互相说话的氛围中，大人主动教孩子说话；视觉语言是需要家长特意对孩子实行的一种早期教育内容，即教孩子识字、阅读，实际上也不难学会。

（8）喜爱音乐。这也是每个孩子天生具有的音乐才能，大人如果经常用音乐对孩子进行熏陶，他的音乐神经元就会发达起来，成为音乐爱好者，如果再进行科学合理的培养，孩子或许能成为音乐天才。

既然，婴幼儿在6岁前就能学会那些本事，那么他们是如何学会的呢？婴幼儿不是“学生”但胜似“学生”，他们有自己独特的学习方法。他们对知识是渴望的，从呱呱坠地、睁眼看世界的那一刻起，他们就按照自己独特的学习方法开始“学习”了。

婴幼儿渴望的营养不仅是物质营养，还有大量的精神食粮。他们用自己独有的生理、心理成长规律默默地“学习”着。起初，他们的“学习”完全是一种无意识的适应性“学习”，并具有以下特点：

1. 没有意识

没有意识又叫无意识、下意识，是不知不觉、没有语言参与、更没有思维的行为。特别是刚出生的到三岁前的婴幼儿，尚处于“完全无意识时期”，根本不知道自己在干什么，学什么，整个人都处于一片混沌的状态之中，却又能学到大人不敢想象的知识，极大地发展其智慧潜能，创造出一个“社会人”的大部分行为，但孩子自己全然不知。正是因为这样，一个人长大以后

也无从回忆起自己三岁以前是怎么样的。如果一个人能回忆起自己三岁以前的生活点滴，那这个人就有点天才的智商了。然而，三岁以后无意识学习行为慢慢消退，潜意识、有意识慢慢发展起来，孩子开始有意识记事了。

2. 适应环境

马克思曾说过："人创造环境，同样环境也创造人。"婴幼儿完全是环境的产物，只要环境给他的信息不超过孩子生理、心理上的承受能力，孩子在任何环境中都会默默地去适应，去成长。例如，你给他少穿点衣服，他就会不畏寒冷；你给他穿得多，他就不耐寒冷。你给他少吃饭，他就耐得住饥饿（当然不是故意饿孩子，而是科学喂养所致的"饿"）。你少给他买零食，他就没有吃零食的习惯。你尊重孩子，他就自尊自爱；你不尊重孩子，他就没有自信。家里的生活有规律，孩子也会不自觉地安排自己，养成早睡早起的习惯。家里每天坚持看新闻，论国家大事，他也会养成关心时事政治的习惯。家里每天正面生活内容贫乏，无聊至极，孩子也会无所事事，毫无激情。你每天给他安排点家务活，他就会养成爱劳动、勤做家务的好习惯。你待客热情周到，他也会是个懂礼貌的孩子。你每天教他认识几个汉字，他就有了认字的习惯，继而发展到喜欢识字阅读。你溺爱孩子，他就会骄纵任性；你长期对他特殊照顾，他就会觉得这是理所当然。家里每天都吵吵闹闹，没有安静的时候，他也会做事不专心，遇事不静心思考。

总之，在什么样的环境里长大的孩子，他就会成为什么样的人，我这里说的是 6 岁以前的孩子。因为这一阶段的孩子还不会自主思考，也不懂得分辨好坏，他只会默默地、被动地适应环境对他的熏陶，成为环境的产物。这就是孩子在婴幼儿时期"学习"的最大特点。

3. 获得敏感

对于接触得最早、最多、最经常，尤其是最快乐的事物，孩子就最敏感，记忆最深，也就最喜爱，愿意经常去接触。妈妈与孩子接触得最早、最多，给他喂奶、抱他、哄他、逗他，使他高兴、快乐，所以孩子与妈妈的关系很不一般，这叫“母亲敏感”。如果在这个敏感期内母亲换成奶妈，由奶妈每天细心照料，那孩子照样会与奶妈建立“奶妈敏感”。

小宝宝在婴儿期内最容易获得各种敏感，如“音乐敏感”、“绘画敏感”、“语言敏感”、“甜食敏感”、“识字敏感”、“玩具敏感”等。还有各种畸形习惯的敏感，如有的宝宝睡觉时，嘴里不含个奶头就不睡，或者手里不拿个小玩意就不睡。记得我小外孙小时候睡觉时，我总给他盖个小毛毯，这样盖习惯了，他只要一睡觉就离不开这个小毛毯，而且这是他的专属小毛毯，谁也不能盖。有一次我试探着将小毛毯盖在我身上，他看见了立刻嚷嚷着要拿回去，他的小手还得摸着小毛毯才能入睡。后来去幼儿园了，小毛毯也要随身带着。孩子现在长大了，但每当看到这个小毛毯，他的脸上依然会流露出喜悦的表情。小外孙在识字敏感期内（2 岁前），我教他认识了许多汉字，于是他就有了认字的习惯。我经常见他能自觉、主动地拿着识字卡看，脸上还露出了笑容。

4. 印刻记忆

记忆分印刻记忆和印象记忆。咱们先说印刻记忆。什么是印刻记忆呢？印刻记忆就是一件事、一种行为、一句话、一个动作、一个场景、一个声音、一个玩具等，反复出现在孩子面前，或者突然出现在孩子面前，被孩子看到、听到，那么这样的事物就会在他们单纯的脑海里反复曝光或突然曝光，使孩子产生深刻的烙印，并将其记在脑子里，可以说终生难忘，这就是印刻记忆。

所以我们大人的行为习惯、一举一动、一言一行都要起到正面的表率作用，因为孩子会看在眼里，记在心上。我觉得4~6岁是孩子印刻记忆最关键的时期，印刻记忆语言参与少，视觉参与多。这一时期虽然没有语言参与，没有思维分析，但孩子蓄势待发的记忆功能非常灵敏，这是孩子增长记忆的最佳时期。利用这个时期，孩子就能知道、学会人类基本生活常识的90%以上。所以印刻记忆是婴幼儿的主要“学习”方法。

5. 印象记忆

随着孩子年龄的增长，活动量的增加，所见的东西越来越多，能让他形成印刻记忆的内容也会越来越多。渐渐地，印刻记忆就让位给了印象记忆。印象记忆也是婴幼儿“学习”的一种方式，它同样也能让婴幼儿学会许多知识，但没有印刻记忆那么牢固。印象记忆可以延续到孩子有了思维能力以后，然后转入思维记忆、分析记忆、理解记忆的层面上来。

6. 情境领悟

婴幼儿理解事物不靠推理也不需要解释，而是靠他们日益增长的智慧，在生活中的情境去理解和明白。对孩子讲解事情的道理，只会让孩子越听越糊涂，因为他们自己会在丰富多彩的日常生活中慢慢地去领悟和明白。

比如，告诉百日以后的孩子，或者更大一点的孩子“什么是妈妈”：妈妈就是生你、养你的女人，她每天给你喂奶，是你爸爸的妻子。这些孩子根本就听不懂。在日常生活中，妈妈每天与他接触，抱他、搂他、亲他，给他吃奶、喂饭，这样他就知道、明白了妈妈的含义，并能很快将耳朵里听到的“妈妈”与眼前这个活生生的妈妈联系在一起。随着年龄的增长，孩子看到别人家的小朋友也是与妈妈在一起玩，这样他又更进一步理解了妈妈对他的重要性。

又如，你问一个三四岁的孩子："你爸爸去哪了?"在家里人的长期告知下，他知道爸爸去上班了，就会说"爸爸上班了"。但问他上班是怎么回事，他肯定回答不上来或说不知道。但是，如果你将孩子带到单位几次，孩子看到你的工作情况，日常生活中又看到你每天早出晚归的情景，他慢慢就会明白上班是怎么回事了。

再比如，你给孩子解释说开水温度很高，有100℃，会烫伤人，很危险。但孩子不明白什么是危险，你给他演示，他有时也会半信半疑，除非你拿着他的小手在水蒸气中感受一下，他就会彻底明白了，这就叫生活情境。我拿小外孙的小手在暖壶口上晃一下，他立刻就有了热的感觉，以后他离暖壶还很远时就说"呜、呜"。这就是情景领悟。

所以，丰富孩子的生活，让他们置身于各种各样的生活情境中，这样他们慢慢就会明白许多的知识和道理。在各种各样的生活情境中，孩子自己会观察、领悟一切，大人无须过多解释，只要稍加指点就可以了。

7. 本能模仿

孩子有着天生的模仿本能。前面在谈到伴随行为时，举例说小外孙舔我的舌头，我吐舌头他也将舌头伸出一点点，这就是最原始、最初的模仿行为。其实整个婴幼儿时期他们无时无刻不在模仿，所以孩子到了青少年时期，他的行为习惯、思考方法，乃至性格品德都会比较像与他最亲近的人。想想我们自己的行为习惯、言谈举止、情绪性格，也总会像某一个与你经常接近的亲人。

孩子的模仿是无意识的，却时时刻刻发挥着作用。孩子的衣、食、住、行，说、学、笑、唱、做，表情、爱好、习性等，都是不知不觉模仿的结果。所以，我们培养孩子千万不要忽视自己的行为习惯和言谈举止所起的榜样作用。可以这么说，父母的一举一动、兴趣爱好、脾气性格、文化修养都接受

着孩子最严格的监督和最细微的仿效。一句话，父母与亲人的行为是孩子模仿的对象。

8．兴趣探求

孩子对新奇、新鲜、生动、怪异以及有节奏、有情节的事物、画面和动作都会产生兴趣，愿意去看、去听、去摸、去玩、去感受，因为他们对身边的一切都充满了兴趣与好奇。

最初，孩子的兴趣是无选择的，他们看一幅画和一个汉字会感到同样陌生、新奇；听一首民歌和听一段交响乐，只要节奏感优美、动听，他也会听得饶有兴致。

在自己的兴趣探求下，孩子能感知许许多多的知识。所以这一时期的婴幼儿最好灌输、教育，虽然他们对所感兴趣的事物，注意的时间很短，但他们很听话，室内、屋外由你抱、由你指、由你讲、由你说。

随着年龄的增长，孩子无选择的兴趣渐渐减少，而有选择的兴趣开始渐渐增加，进入“兴趣选择性适应学习期”。这时婴儿进入幼儿期，生理活动的能力增强，心理上渐渐有了自己的主意，变得不怎么听话、不怎么听指挥了，即进入了所谓的“反抗期”。加之孩子语言的发展，由无意识时期渐渐转变为有意识时期，思维能力和想象能力也得到了很大的发展，由印象记忆逐步发展为理解记忆。

总的来说，婴幼儿还处于无意识阶段到有意识阶段的过渡“童心期”，只要我们掌握了孩子探求学习兴趣的特点，用丰富多彩的生活来激发和调动孩子的兴趣，带领、引导、启发孩子的兴趣和探求精神，那么在他们婴幼儿发展的阶段内，6 岁前大脑构造基本成熟之时，就有可能培养出一个早慧的孩子。

以上就是我们婴幼儿独特的学习方法。我们成年人可别再用自己老一套的思维来判断、安排孩子的成长了，而要重新认识婴幼儿，超前想不行，落后想也不行。我们只有掌握了孩子生理、心理的成长规律及他们独特的学习方法，才能更好地对他们进行早期教育。

性格的探讨

父母们，你们自身的行为是最有决定意义的东西，不要以为只有你们和儿童谈话时或者教育儿童学习及命令儿童的时候，才执行教育儿童的工作，在你们生活的每一瞬间，都在教育着儿童，你们怎样穿戴、怎样同别人谈话、怎样讨论别人，怎样欢乐与发愁，怎样读书看报等，这一切的一切对儿童都有重要意义。

——［苏］马卡连柯

一个人如果没有一个好的性格，那他的人生理想、信念、事业、道德、幸福、智力都将大打折扣，生命的航船也行将不远。古希腊哲学家赫拉克里特曾说："人的性格就是他的命运。"儿童性格的塑造与德、智、体、美等方面的全面发展有着极为重要的关系。爱因斯坦曾指出："优秀的性格和钢铁般的意志比智慧和博学更为重要。智力上的成就在很大程度上依赖于性格的伟大，这一点往往超出人们通常的认识。"可见，性格对于一个人的生活、事业都具有很大的作用，应及早进行培养和塑造。

人的性格品质是多方面的，不可能面面俱到，一个小孩子应着眼于基础性格品质的养成。那么，一个孩子应该具备哪些基本的优良性格呢？

有专家将小孩子的基础性格品质总结为六个方面，并说，孩子如果从小具备这六种基础优良性格品质，长大了其他的优良性格品质就会自然派生出来，因为它们是“美好人生性格之母”。

1. 快乐活泼

孩子从小要快乐活泼才好，不爱哭，爱笑，每天高高兴兴，快快乐乐，表情不呆板，不胆怯，无忧无虑，无拘无束。但活泼不只是好动，更不等于吵闹、折腾。快乐活泼的孩子主要表现在以下六个方面：

（1）表情活泼。脸部的表情丰富而生动，看得出大笑、微笑、着急、高兴、幽默、得意、生气、认真等情绪，有时能与大人开玩笑。

（2）嘴巴活泼。口头表达活泼、口齿伶俐、吐字清晰，喜欢与人说话，喜欢讲故事，喜欢与他人分享自己的所见所闻，喜欢背诵诗词、猜谜语、说绕口令，见到陌生人也能大大方方地对话，自来熟。

（3）肢体活泼。主要表现为喜欢唱歌跳舞，爱做游戏，爱参加各项运动，是体育运动、文艺活动的爱好者和参与者。

（4）感知活泼。见过的、听过的、做过的事记得很快，如有的孩子对陌生的路走过一次就记牢了，或者能够认清颜色、形状、方向。记得电视台曾播放过一个 4 岁的孩子学电视小品《超生游击队》里的台词，他用东北方言说：“孩子他爹，想当年，咱俩恩恩爱爱，郎才女貌……”直说得台下听众大笑不止，这就是活泼。

（5）双手活泼。会劳动、会制作，会做一些小玩意儿，还会饲养小动物、种花种草、钓鱼等，手很灵巧。

（6）思想活泼。除了口齿伶俐外，还应表现为爱思考，喜欢提问、讨论、争论、识字、看书、阅读等。这种活泼比较内在，但表面反而显得比较安静。

2. 安静专注

活泼有外在和内在的表现，后者就表现为安静。而不论是“外在”还是“内在”的活泼，专注都是必要的。玩也要玩得专注、专心，使全身心都倾注在玩耍中，那就能得到最大的快乐和收获。假如孩子该安静却安静不下来，该坐却坐不好，该跑却跑不快，该跳却跳不准，心猿意马，注意力分散，做事不能坚持到底，那么这种性格就是很不好的。有的孩子玩耍没有目标，行为没有规范，父母放任其去玩，“玩野”了以后自然就失去了安静、专注的性格品质，父母到了小学再去进行纠正就很困难了，孩子将来也会没有耐心去做好一些事情。

3. 勇敢和自信

人生就应该是勇敢的，世上有成就者必然是强者和自信者，一切成就与懦夫无缘。

婴幼儿的勇敢、自信主要表现在“不怕”上：不怕黑夜，不怕摔跤，不怕流点血、不怕疼，不怕吃药，不怕打针，不怕小动物，不怕登高，不怕鬼怪，不怕孤独，不怕陌生环境和陌生人……他的自信主要表现在“自我感觉”良好，总觉得自己是个好孩子，很能干，因而也很快乐。

如果孩子有意无意地觉得自己很可爱，是个好孩子，他会认为“爸爸、妈妈和所有人都喜欢我”，“我聪明”，“我听爸爸、妈妈和老师的话”，“我对小朋友好”，“我爱学习，奶奶说我学得快”，“我关心别人，把好东西给别人玩”，“爷爷夸我爱劳动”，“我做错了，妈妈一批评，我就改”，“我是个好孩子，将来还要当科学家呢”……有以上思想的孩子一般不会说出来，但只要他有这种感受，有这种意识，有这种情感流露，那么他就是一个自信的孩子。自信会让孩子插上翅膀，将来飞得更高更远。

4. 爱劳动，关心人

从小爱劳动的人会以劳动为快乐，从不懒惰，也会有同情心，懂得关心人。所以勤劳与善良往往是联系在一起的。孩子关心人，主要先从关心家人和周围的邻居开始，关心他人劳动累不累，生病疼不疼，有没有吃饱、睡好。别人睡觉不去打搅，别人谈话不去打断、不去吵闹，自己也不折磨人，好东西知道与人分享等。孩子从小有这样的性格，就一定会是个道德高尚的人，他的远大理想也会由此萌发。

著名外科医生裘法祖，是武汉同济医科大学的老校长，全国著名的“一把刀”。小时候，他看见路边躺着衣衫褴褛、患病呻吟、痛苦不堪的难民，他就问妈妈这些人为什么不去看病。妈妈难过地说，那些人很穷，没钱看病。小裘法祖很难过，当晚做了一个梦，梦见自己穿上了白大褂，给穷人看病去了……谁会想到，他后来的医学生涯和崇高事业，就是与这样的偶然经历息息相关。

5. 好奇心和创造性

对新奇事物表现出爱看、爱听、爱摸、爱做、爱问、爱记、爱模仿又爱实验的行为；做事情喜欢别出心裁、与众不同、精益求精，要是不满意就重来，直到满意为止；还喜欢自己动手，想办法玩耍，爱搞小发明。

有以上这些求知欲和创造精神的性格，就能培养出求异思维和发散思维，还能培养自学能力，奠定开拓性、创造性的人才成长基础。我们最需要有这样性格的人才，要多一点理想、竞争和创新精神，少一点墨守成规和安于现状的思想。

6. 有独立精神

具有独立性是自我成才的保证，成功者大部分是自我意识强、相信自己的力量且又有主见、能独立处事的人。据说美国许多跨国财团、亿万富翁一般经数十年或一两百年其家族就会衰落下来，新的巨富又再不断涌现。但有个叫洛克菲勒的家族却历经几个世纪不衰，始终是亿万富翁，为什么呢？研究他们的家族史会发现，他们教育子女特别注意培养孩子的独立意识和独立能力，要求代代自立、自主、自强，以保证不出败家子。

有这么个故事：有一天，老洛克菲勒把孩子放在桌子上，鼓励他跳下来，孩子以为跳下来有爸爸的保护，谁知往下一跳时父亲却走开了，孩子摔到地上，哭了起来。于是老洛克菲勒说："孩子，不要哭，以后要记住，要靠自己，不要靠别人，连爸爸也是靠不住的。"他们家族的孩子，从小不乱花钱，自己支配少量零花钱还需要记账"理财"。孩子长大了自己挣钱上大学，自己找工作。总之，在孩子锻炼得能经得起风浪之后，长辈才会把财产逐步移交给他。传说中的这个育儿家风，就是保住他们万贯家财经久不衰的秘密之一。

不管以上的事例是否可信，但人的独立精神是立业的根基，这一点对我们是有启发并可供借鉴的。孩子的独立性格应表现在从小就自己睡觉，会自己玩耍，不缠在大人身边；会走路以后，能够独自去串门，自己的事尽量自己做，三四岁以后能协助大人去买米、买菜，在保证安全的前提下学会自己去幼儿园，走亲戚，和陌生人说话等。20 世纪七八十年代，有一群胸前挂钥匙的孩子，他们的独立能力就比现在不挂钥匙，每天让老人去接送的孩子强一些。但这也是形势所逼，因为现在的社会治安环境远不如以前了。

到底性格是如何形成的呢？或许这是大家都非常关心的问题，也非常想知道怎么才能让孩子有个好性格。下面，我将自己所学习到的知识与个人的理解总结了一下，仅供大家参考。

（1）性格不是说教出来的。有这么一个事例，有个妈妈跟一个早教专家诉苦："对家里的孩子，我真是一点办法也没有了，天生一个坏孩子，非常不听话。我天天教育他，嘴皮都说破了，他就是不听。但是我们邻居家的孩子却完全不一样，两个孩子年龄差不多，他家的父母很少管孩子，从来不说孩子，但人家的孩子很听话，在家里自己一个人学习，又懂礼貌，又爱劳动，你说这不是天生的吗？是不是孩子听话也是遗传的？"

这位家长错了，错就错在以为孩子是"说"好的，你说他，他就会听你的话、照你说的去做？其实不然，孩子的不良行为、习惯，是越说越坏，越"数落"越糟糕。如果采取体罚，教训孩子要听话、学好，那后果更是不堪设想。说不定孩子的内心世界会由此向不好的方向发展，比如胆小、胆怯、破罐子破摔；还有变态、压抑、仇恨、报复……这些都有可能。所以说孩子的性格，靠说教、体罚"教育"是行不通的，同时，这也是最无能的方法，效果只能适得其反。

（2）性格的形成是天生的吗？答案是否定的。性格与一个人的遗传基因稍微有些关系，如气质、个性。但气质和个性都不属于性格的范畴，另外气质没有好坏之分，个性也没有优劣之说。这二者只能说明一个人刚生下来时所带的原始特征。所以气质、个性在形成性格之时，完全可以忽略不计，最终影响不了好坏性格的形成，所以性格不是天生的。

（3）一个人性格的形成完全是在后天的成长过程中，在他的日常生活行为和生活习惯中，最终"养成"的一种习惯化的行为方式。所以严格地说，性格形成是一种"养成教育"，先养成习惯，后形成性格。

（4）具体来说，孩子性格的形成是在他每天的生活中，在吃、喝、拉、睡、玩当中逐渐形成的。如孩子最初睡觉是自己睡还是大人哄着或搂着睡；学吃饭时是坐在固定位置上自己吃，还是到处走、到处玩，大人在后面追着

吃；吃东西时是挑肥拣瘦，还是不挑食，吃什么都香；家人对孩子的各种要求是无条件满足还是有所节制……这些行为都是性格形成的前奏曲。三岁之前，孩子的生活行为和生活习惯都会慢慢变成其性格的基础。老人常说“三岁看大”就是这个意思。

（5）形成性格当中还有一个“看”的行为。“看”就是孩子看大人的行为习惯，而大人的行为习惯是孩子性格形成初期的土壤。这个土壤里营养成分的好坏，决定了孩子性格的好坏。这好比一只青蛙长期生活在臭水沟里就变成了一只癞蛤蟆，而若在绿色的田野、荷塘里生活，良好的环境会使青蛙慢慢披上美丽的绿装，最终成为名副其实的青蛙。

（6）提供给孩子生长的土壤应该是科学的、全方位的，并且全家的行动应该一致。我在培养小外孙的生活行为和生活习惯中深刻领悟到了这一点。我多次提醒小外孙的爸爸、妈妈要注意：在发掘孩子的智商潜能方面，我完全可以一对一地进行教学、开发。但在培养孩子的行为、习惯方面，可不是我一个人说了算，这需要全家总动员。任何一点不良影响，都将会对孩子的性格形成产生影响。因为孩子的行为模仿力、印刻记忆力、印象记忆力都是很强的，所以大人千万要注意自己日常的言行举止。

那么，家长在培养孩子良好的性格品质方面应该注意什么呢？通过这些年对小外孙进行早教的亲身体验，我找到了一些方法和经验，现总结如下：

（1）正人先正自。先审视自己做得怎么样，规范自己的行为，再教育孩子。要知道，榜样的力量是最好的教育。

（2）要真正做到尊重孩子。要学会欣赏孩子、肯定孩子、鼓励孩子。这样孩子才会有自尊心、自信心，他才能满怀信心，听你说的话，照你说的做，改正自己不好的行为习惯。大人只有真正做到尊重孩子，孩子才会从心底里慢慢明白自尊、自爱、礼貌待人的道理，并努力朝这方面发展。

（3）大人时刻要注意自己的一言一行、一举一动。因为你的思想、信

念、情绪、工作、为人、言谈、作风、习惯、兴趣、爱好等都会影响到孩子的行为和习惯，对孩子起到教育和感染作用。

（4）从孩子小时候起就应该对其行为有要求。不要等孩子养成了习惯再去纠正，因为那时就为时已晚了，势必会给孩子造成痛苦，而大人也会觉得心烦意乱，不知所措。

（5）千万要注意孩子每天的吃、喝、拉、睡、玩、学等行为。要做到要求科学合理，恰如其分，不能过于强求。

（6）对孩子行为习惯的培养教育没有现成的、统一的模式。每个孩子的个性千差万别，因此绝对不能生搬硬套，对待孩子要因材施教。

如何爱孩子

天下父母都爱自己的孩子，但未必都知道如何爱孩子。爱孩子，是一门艺术，是需要父母用心去学习的。做父母，一定要用心掌握这门艺术，这样才会让孩子幸福，父母幸福，整个家庭幸福。

“如何爱孩子”是个很深奥的话题，也是早期教育最重要的一个内容。由于每个孩子的气质、个性不一样，教育的方法也应有所区别。但总的来说，爱孩子的理念、教育的精髓是不变的。有早教专家将爱孩子归纳为三种：教育爱、血缘爱和溺爱。

所谓“教育爱”，是科学的爱，是真正的爱孩子。它有四个特点：①有育儿成才的理想、目标和信念；②讲究爱孩子的态度、原则和方法；③在满足孩子必要的物质生活的同时，特别注意丰富孩子精神生活的需求；④建立起民主、平等、相互关心的“双向爱”的关系。

“血缘爱”，其特点正好与“教育爱”相反，也有四个特点：①是盲目、没方向、没措施的，只是为了满足自己一时心理需要的爱；②不讲究爱孩子的态度、原则和方法，说得明白一些就是将孩子视为“私有财产”，想亲就亲，想骂就骂，不尊重孩子；③主要设法满足孩子物质生活的需求和欲望，不考虑孩子精神生活的需求；④建立在所谓的“水往下流”、“人往下亲”的传统观念的“单向”爱，这种爱虽然不失父母的无私奉献和牺牲精神，但是这种爱是培养不出高素质的孩子的。

“溺爱”，从字面上看，“溺”字兼有过分和淹没的意思，过分地疼爱孩子等于淹没他们。古人云：“虽曰爱之，其实害之；虽曰爱之，其实仇之。”这是对“溺爱”最好的注解。法国教育家卢梭曾说过：“你知道运用什么方法，一定可以使你的孩子成为不幸的人吗？这个方法就是对他百依百顺。”这也就是我们常说的溺爱了。

“教育爱”，是对孩子性格影响最早、最深的爱，包括爱孩子的态度、爱孩子的情绪表现以及爱孩子时大人的内心情感控制等，因为这些因素都会牵动到孩子全部的心理活动，触动他们的敏感神经，控制他们的情绪、意志和行为，久而久之就养成了孩子的性格。例如，父母对孩子的态度温和平静，孩子就会恬静愉快；父母的情绪暴躁易怒，孩子就会胆怯害怕；父母对孩子严肃认真，孩子就会顺从听话、有规矩；父母对孩子娇惯溺爱，孩子则爱吵闹折腾……有人说：家庭是孩子的一面旗帜，父母是孩子的一面镜子。总之，父母是对孩子影响最早、最深的人，是孩子模仿最早、最多的形象。

“教育爱”除了上面所说的几个特点外，还有以下五个具体要素。我们在教育孩子时，要时刻注意按这五要素的理念去操作、实施，这样才能达到所期待的效果。

1. 建立快乐、祥和的家庭气氛

家里要有学习、劳动的氛围，家长要讲文明懂礼貌，注意以身作则，营造轻松愉快的气氛。家里的气氛既不要死气沉沉，也不要过于喧闹，因为两者都不利于培养孩子良好的情绪。

说到生活气氛和情绪，家里绝大部分时间应该保持在愉悦、平静这一

“最佳情绪线”上。如果夫妻双方都处在这种最佳的情绪状态，就能冷静地发挥出自己的聪明才智，对孩子实施最好的教育，同时，孩子也愿意听话，能有效地进行各种有益的活动和游戏。

在家里的环境气氛中，每个家庭成员的情绪表现，以及有条不紊的家庭生活规律，都是一种很好的教育感染力。如果孩子的情绪是很不稳定的，往往外界的一点干扰都会引起其极大反应，所以保持“最佳情绪线”对孩子而言非常重要。如每个家庭成员都安安静静地做自己的事，不大声喧哗；每个人都有自由的空间，互不干扰。但有时候也要建立和谐、有趣味和互帮互学的共同玩耍、共同学习的场景，同时场景情绪起伏也不能太大、太频繁，因为这样不仅不利于孩子智力的正常运转，还会致使孩子养成浮躁不安、经常折腾、不易控制等不良行为习惯。

家里的大人要少受孩子不良情绪的影响，应当用自己的良好情绪去影响孩子，控制孩子的情绪和情感。尽量让孩子在一天的大部分时间里始终处于愉快、平静的情绪，并在这种情绪下进行玩耍。家人在一旁冷静地观察，并视情况科学地做到以下几点：

（1）当孩子情绪低落、烦躁不安、啼哭吵闹时，家长首先要冷静，仔细观察、分析个中的原因：孩子是否身体不适？在确认孩子没有身体不适的情况下，家长要想办法转移孩子的注意力，如换个新玩具，想个新玩法，或变个小魔术，玩个藏猫猫；让他看个新物品，或者唱首歌，吹个肥皂泡，讲个小故事等。总之，要想方设法让孩子摆脱不良情绪，回到正常的情绪中来。

（2）当孩子因一件事高兴起来，并要求你也参与时，一定要抽出时间认真地参与其中，哪怕是片刻时间也行，用平静、愉悦和欣赏的表情看着他并鼓励他，这样，孩子会更加认真地去做事。

（3）当孩子不是为学习而是在平时的玩耍当中，玩得兴高采烈、手舞足蹈时，家长应保持冷静，千万不要露出喜形于色的表情来，最好也不要参与，因为那样距离忘乎所以的高兴也不远了。

（4）当孩子忘乎所以，吵闹不止、放肆撒野之时，家长的态度一定要严肃认真，对孩子的不良表现作冷处理。

（5）当受到好的、正面的、积极的信息刺激时，孩子会激动兴奋，如发现了什么新玩法、新玩具、新制作，或者取得了什么好成绩，他都会非常高兴。此时，大人可以给予适当奖励，如让他玩个痛快，但一定要把握好度，适可而止。

（6）对于安静不下来的孩子，家长也不要动不动就大发雷霆，一定要让自己冷静下来，千万别唠叨、训斥孩子，因为那样会适得其反。我在这推荐一个蛮有效的办法，那就是“全家静悄悄”法：全体家庭成员开个会，会上约定每天大家有半个小时的安静时间，时间最好定在每晚新闻联播的天气预报之后，在这半个小时之内谁也不许说话，各自做自己的事情，但不许看电视，不许睡觉，不许来回走动，更不许离开家去外面玩，并告诉孩子若是有事情需要请教的，说话的声音一定要轻或等到30分钟后再讨论。这一约定全家人都要遵守，爸爸、妈妈要首先带头做到，如果家里有老人，老人也要遵守，最好老人有自己的房间，但也不能看电视、睡觉。孩子一开始会觉得挺新鲜的，满口答应，但执行几次后他就反悔了，不过在全家严肃认真的气氛中他会慢慢收敛自己的行为。在孩子不知该干什么学什么时，家长可以给予适当的引导，如让他去做某件事或准备一些书给他看。这个办法如果能在家里坚持执行下来，好动的孩子就会慢慢安静下来，安静的习惯会慢慢养成，专注的习惯也会渐渐形成。

（7）当孩子确实有伤心事想大哭时，大人也不要阻止，而是要心平气和地与他交流，告诉他，在成长的道路上总会遇到伤心事、不痛快的事、委屈的事，但只要正确对待，一切都会好起来的。甚至可以让他哭个痛快来释放内心的委屈。一旦有了这样的心理交流，孩子将来会对你更加信任，什么事

都愿意跟你说。

2. 要保持和蔼可亲、严肃认真的“爱态”

“爱态”就是一个人内心的情感、情绪在脸上的直接表现，是爱孩子态度的表现。“爱态”是一种强大的力量，能左右亲人的情绪。俗话说：“出门看天色，进门看脸色。”成人的情绪尚且对“脸色”十分敏感，大受“脸色”的影响，更何况离不开父母的孩子呢！孩子对父母的“爱态”有极其敏锐的反应和“适应性”，这种反应足以调整孩子的整个情绪和行为。大人对孩子的爱态应该随着孩子的年龄而有所变化：

（1）对8个月以内的孩子要爱而外露，多引逗孩子快乐、天真、活泼的反应，让他快乐幸福地成长，为孩子将来拥有快乐、活泼、天真的好性格打下基础。

（2）对8个月以后的孩子要爱而少露，因为8个月的孩子开始会“察言观色”了，大人应多保持愉悦、平静的表情，让宝宝多看、多听，以培养他的注意力、观察力，并不时地与他说话，训练其发音。

（3）对快满3岁和3岁以后的孩子，无论你对他有多么喜爱，也不要将爱意轻易表露出来，应尽量与他平等、尊重、礼貌地交往，同时也要求孩子尊重、礼貌地待人。将孩子视为懂事、独立的“小大人”，那孩子的自尊心、自信心和独立的意识就会慢慢地培养起来。

（4）惯坏孩子多半发生在8个月以后，大人没有注意把握好分寸，慢慢地就把孩子惯坏了。8个月以后的孩子已经很会“察言观色”了，他会试探大人，如果他一哭你就马上去抱、去关心他，嘘寒问暖，脸上的表情也会随着孩子的情绪变化而变化，久而久之，哭就成了孩子的拿手好戏，一不满意他就哭给你看，任性、撒娇会成为他的发展方向。这样的孩子就很难管教了。

现在家里条件稍微好点的家庭都会请个保姆来带孩子。常见七八个月大的孩子在保姆面前很愉快地坐着玩，听保姆讲故事，看她择菜、做饭，保姆问话还会“嗯、嗯”地搭话。可是孩子一看到妈妈下班回家，就会变得“娇气”起来：妈妈要是不抱、不亲，他就闹。中国有句老话：“细娃见了娘，无事哭三场。”其实这完全是家长过分的“爱态”所造成的。长此以往，孩子就被宠坏了，他们变得不能控制自己的情绪，非要惹得大人生气，将其打骂一顿，才会“老实”一下。这样，孩子的性格就扭曲了。

3．内心情感爱的控制

情感爱是一个人内心情感的爱，是心理爱的力量。在对待孩子的情感爱上要做到科学、理智，这样，孩子长大后才能成为一个自立、自强的人。以下几点值得家长注意：

（1）就算孩子是心肝宝贝，也要知道他只是个不懂事的小孩，只要平时把他当作懂事的“小大人”，这样孩子就不会“倚小卖小”，故意撒娇放纵。

（2）即使心里万分疼爱孩子，表面也要保持平静，还要经常鼓励和表扬孩子，教育他们要关心他人。这样的孩子才不会自私，才会以助人为乐为荣，以团结友爱为乐。

（3）不要一见到孩子就表现出嘘寒问暖的样子，怕孩子累了、饿了、摔了、冷了等，表现出无微不至的关心，而应偷偷地、冷静地观察，在孩子不知不觉中照顾和守护他。这样的孩子就不会以自我为中心，不任性、不娇气、独立性强。

4．要避免三种不良的爱孩子方法

（1）严禁把孩子当玩具和笑料。宝宝八个月大以后会变得特别“好玩”，十分招人喜爱。这时候经常能听到这样的对话：“你孙子多大了？”“快八个月了！”“啊，快八个月了，正是好玩的时候。”宝宝八个月大时，是其观察

力、模仿力发展最快的时期，也是原始思维力渐渐萌芽的时候，所以会让人觉得特别“好玩”。但这时大人千万要注意尊重孩子，不能把孩子当成玩具来玩、逗，也不能吓唬孩子，嘲弄孩子，更不能将孩子带到素质不高的人群中去，大家出于“好玩”、“好奇”，你逗一句，他逗一句，说些不着调的话逗孩子玩，有时还把孩子逗哭了，或者逗得孩子不知所措。这样会影响孩子心理的健康成长，很容易使孩子形成胆小、内向、自卑、怕交往的不良性格，或导致没礼貌、不认真、满不在乎的行为习惯。

我们不仅要在生活上照顾好孩子，还要在精神上给予孩子无微不至的关爱。因为稍有不慎就会给孩子留下性格的创伤，而且这种伤痕是难以愈合的。不要忘了孩子有独特的学习方法——印刻记忆，那可是一辈子也忘不掉的。

（2）别把孩子当“出气筒”打骂。打骂孩子是典型的“血缘爱”的表现形式，将孩子视为私有财产来对待，根本不懂得尊重孩子的人格、自尊心和感受。打骂孩子是最无能的教育方法，因为会导致以下的结果：

①容易使孩子变得胆小、懦弱、屈从、无责任心（挨过打了，替错误还了债了，也就不会自责了）。

②孩子会变得倔强、任性、粗暴，甚至产生仇视、报复心理。

③经常挨打受骂会使孩子变得自暴自弃、自甘堕落，没有自信心。

目前，打骂孩子、体罚孩子的现象还是很多的，原因有很多：有的是家长“恨铁不成钢”，或者心里不高兴，拿孩子出气；有的是孩子本身太淘气或者闯了祸。当然还有被不少媒体曝光的“虐童”事件，这是最恶劣、令人发指的行为。

那么，孩子在犯错误或有危险举动时都不能打骂吗？答案是肯定的。但是大人可以表现出很生气的样子，对孩子进行“冷处理”，而同时也仍然要尊重孩子的人格。一句话，大人在对待孩子犯错误时一定要冷静，要想办法让孩子自己知道做错了，心里难受和自责，这样就达到教育的目的了。

（3）不要数落孩子。不要随意数落孩子的缺点、弱点，尤其是在外人面前。经常被数落的孩子开始可能还会感到羞愧，次数多了，耳朵就起茧了，对此也习以为常了，结果缺点和错误反而越来越多。甚至有的孩子对大人的数落还洋洋自得，这就更麻烦了。这样的孩子毫无上进心，也无自信心，容易自暴自弃，随波逐流。“当面教子，背后教妻”，这种落后、封建的观念千万不要用到我们的孩子身上。“树怕剥皮，人怕扯脸”，数落孩子很容易伤害他的自尊心，使其产生自卑感，是一种最不尊重孩子、最自私的教育方法。

5. 最重要的是尊重孩子

怎样尊重孩子呢？中国和外国在这方面的价值观念是不一样的，对尊重的理解也大相径庭。记得有一部美国电视连续剧《草原小屋》，里面有个普通的劳动家庭，一对夫妇带着三个女儿，他们这一家可算是尊重孩子的典范家庭。

父母既是家长也是朋友，两个大一点的女儿既要上学，又要帮父母劳动，家里的事也都是七嘴八舌无话不说。每天吃过晚饭以后，父亲和孩子们讲故事，最后妈妈说：“孩子们，不早了，该睡觉了，晚安！”孩子们也说：“爸爸、妈妈晚安！”随后，她们便愉快地爬上阁楼去睡觉了。

有一天，二女儿劳拉突发奇想地问妈妈：“妈妈，你以前是怎样爱上爸爸的，你和爸爸是怎么恋爱的？”在女儿这样一个突如其来的“袭击”面前，母亲没有丝毫慌张，她仍然认真而平静地边做事边搭话：“哦，你问这事呀，那时你爸爸和我都很年轻，我们两家住得很近，常常在一起玩，慢慢地就有了感情。有一天他约我到森林去打猎，我高兴地答应了。你爸爸背着猎枪可神气呢，我们在森林里转悠，他一枪打一只兔子，一枪又打一只山鸡，我们还生起火来烧野味吃呢！野味真香，真好吃。我们野餐以后就一块唱歌、跳舞，一直玩到很晚才回家。从此我们感情更深了，便相爱了。”

这位母亲很聪明，她的回答既满足了孩子的好奇心，也像朋友谈心一般，使女儿不仅沉浸在幸福的想象之中，同时还朦胧地懂得了恋爱是怎么回事。

同样的问题要是发生在一个中国的普通家庭里，结果会如何呢？当天真的孩子问妈妈以前是如何跟爸爸谈恋爱的，首先母亲自己的脸就红了，接着就一脸怒色道："这么小就问这样的事情，真不害臊！羞死了！"可能还会用手指头划划脸皮作害羞状。或者有的母亲干脆训斥孩子："走开！问的什么话，小孩能问这事吗？没出息。"如果孩子受到如此奚落，那他以后就再也不可能对母亲说知心话了。他的快乐、天真，至少在父母面前就宣告结束了，到了青少年时期跟父母更是没有话说，代沟就这样形成了。

我们中国的父母爱子女，"望子成龙，望女成凤"的心愿远远超过西方，做父母的有极强的为孩子牺牲的精神，这是中华民族的美德。但是，大多数家庭不尊重儿女却也是通病，把孩子当私有财产，认为孩子是我生、我养的，我是他的亲爹、亲娘，我这么做都是为了他好。要么把孩子当心肝宝贝，疼得不得了；要么随意拿孩子当出气筒撒气……这些恶习从本质上忽视了孩子独立人格的存在。

再列举两个外国人是如何尊重孩子的事例。从德国参观回来的医务工作者说，德国的婴儿是不穿开裆裤的，商店里也没有卖开裆裤的。当他们诧异地问及此事时，德国人很简单地回答："孩子也是人，我们应该尊重他们的隐私，尊重孩子也是尊重我们自己。"所以，正如我们从电影、电视里所看到的，欧美的孩子在成人面前一般都是落落大方，想说什么就说什么，毫无拘束感和害羞感。过去，苏联的一个小学生在上学时见到打扮漂亮讲究的女老师，这个小学生就会毫不掩饰地夸奖说："老师，您真漂亮！"而老师也会很有礼貌地回答："谢谢你！"

总之，我们成年人学会尊重孩子，孩子才会尊重自己，慢慢地也才学会尊重他人。随着心理的健康成长，他们会严格要求自己，做到懂礼貌守规矩。

所以说从小受到尊重的孩子，他们长大以后才会懂得自尊、自爱。那些长大后走上犯罪道路的大多是从小没受到尊重，心灵受到创伤或者受过什么不良刺激。

最后，再讲一下溺爱的问题。严格来说，溺爱不是一种正确的爱，而是一种毫无教育目的的情感宣泄，其危害极大。对孩子过分溺爱，会使孩子许多的优良品格丧失殆尽，无法弥补。有早教专家将溺爱总结为以下 10 种现象，分析了它们的危害并给出了纠正的方法。

1．特殊待遇

（1）现象：孩子在家中的地位高人一等，处处受特殊照顾。吃“独食”，好吃的东西放在他面前，他便一人独自享用。大人的生日可以不过，而孩子的生日必过无疑，还得买个大蛋糕，给他送礼物。经常给孩子买新衣服、新玩具，总之想要的东西，大人都尽量满足。

（2）危害：这样的孩子久而久之会认为一切都理所当然，习惯于高人一等，容易变得自私自利，没有丝毫同情心，更不会关心他人。

（3）预防：应当视孩子为家庭的普通一员，家里的一切都是大家共享的。吃什么好东西人人都有份，即使只有一个苹果或一根香蕉，也要让孩子先问问老人吃不吃，或者与老人共享。分好吃的东西时最好让孩子来做，告诉他先给老人再给爸爸妈妈最后才是自己。家里每个人的生日都应该得到大家的祝福，尤其是老人的生日更要告诉孩子，让孩子记住。对于大一点的孩子，有条件的话让孩子来作安排，以培养尊老的美德；再比如妈妈的妇女节、母亲节，就应该向妈妈表示祝贺；如果妈妈是老师，教师节那天就要向妈妈问好，还可看情况适当庆祝一下；家里每个人的困难，大家都来关心；更要时刻告诉孩子应该尊重、关心、照顾老人，时常关心老人冷不冷，热不热，吃饱了没有，渴不渴。当然，爸爸妈妈要先带头作表率，让孩子看在眼里，

记在心上。记得央视有个公益广告：一位妈妈给姥姥洗脚，孩子看到了马上学会给自己的妈妈洗脚，这很有教育意义。要培养孩子“克己利他”、“助人为乐”的情感，当孩子将自己好吃的东西给大人时，大人最好收下，能吃的就吃掉，并对孩子说声“谢谢”。若心疼孩子舍不得吃，也要分享一些然后再还给孩子，并说一些表扬或鼓励的话。

2. 过分注意

（1）现象：一家人每时每刻都在关注孩子，大人回到家首先问起的、关心的、谈论的就是孩子；逢年过节，亲朋好友来了往往都与孩子嬉笑玩乐；有时候大人坐一圈把孩子围在中心，问这问那，一再鼓励孩子表演各种节目，如唱个歌、跳个舞，还掌声不断，视孩子为主角等。

（2）危害：这样很容易让孩子觉得自己是家里的“小太阳”，家里的欢乐都是由他带来的，家人都应该围着他转，为他服务；容易骄傲自满，十分娇气，不太听话，经常和大人对着干，不懂礼貌、不尊重别人；为了引起大人的注意，一天到晚都不安静，“人来疯”的表现也特别严重，特别难管教。

（3）预防：苏联教育家苏霍姆林斯基有句名言：“不要让孩子觉得是他给家庭带来了欢乐；而是要让孩子感到，因为有了父母，给他带来了幸福，他是有负债的人。”理解了这句话，家长就不应该每时每刻都围着孩子转，过分注意孩子了。有客人来时，事先告诉孩子，客人来了要有礼貌，不能大吵大闹，尤其不能影响大人之间的谈话，必要时让孩子回到自己的屋子里，做他想做的事情。同时悄悄告诉客人不要过分关注孩子，不要对孩子过分搂抱和亲热。

3. 轻易满足

(1) 现象：孩子想要什么就给什么，好吃好喝伺候着；无论孩子想干什么，父母都毫无原则地同意，最后孩子想要多少钱就给多少钱。

(2) 危害：孩子小的时候，对吃喝玩乐其实还不太懂，多数是看到大人吃什么、喝什么、玩什么，他就特别想自己也跟大人一样，或者看到别的小朋友玩什么玩具他自己也想有。大人一旦毫无节制地满足孩子的各种欲望和要求，后果将不堪设想，孩子会觉得这一切都是理所当然的，不需要付出什么努力就可以轻易得到。

(3) 预防：从小就应该对孩子各种各样的要求有所约束，尤其是不该吃的零食、不该喝的饮料尽量少满足或者用其他的东西来替代。就算是孩子的正当需求，也不应该马上给予满足，而是让孩子学会等待和忍耐。比如孩子看到一个玩具十分喜爱，想要你给他买，大人可以这样对孩子说：“妈妈现在没钱了，要等到发工资再给你买，好吗?”孩子要是反问：“妈妈什么时候发工资啊?”大人可以说：“快了，还有10天。”有些孩子可能过几天就忘记了，但一些记性好的小孩会翻看日历，在心里默数天数。这样小孩既学到了有关时间、日期的知识，又养成了耐心等待的好品质。

4. 生活懒散

(1) 现象：孩子的生活毫无规律，想吃就吃，不想吃就不吃，挑食、偏食问题严重；想睡就睡，不想睡就不睡，作息时间一点都不规律；经常看电视、玩游戏，不喜爱户外运动；不爱做家务，对大人布置的家务活拈轻怕重。

(2) 危害：孩子容易养成好吃懒做的坏毛病，每天得过且过，毫无目的，没有上进心，没有兴趣爱好，长此发展下去会成为四肢不勤、五谷不分，而且胸无大志的人。

（3）预防：大人首先要以身作则，形成良好的生活习惯。这样会对孩子起到良好的熏陶作用，正如孔子所说："少成若天性，习惯成自然。"

家长可以从以下几方面对孩子进行培养教育：

①全家养成早起锻炼的好习惯。如果全家总动员难以做到，那么父母或者带孩子的老人至少有一个要形成晨练的习惯。晨练不仅有利于身体健康，孩子清早到户外玩耍也会特别高兴，情绪高涨。

②形成动静有序的生活气氛。一天当中应该既有动的时候也要有安静的时刻。将时间合理安排好，使孩子动则活跃，静则专注。4 岁以后的孩子要让他自己学会分配时间，并遵守自己定下的日程安排。不论孩子遵守的程度如何，家长千万不能说不满意的话，只能经常提醒孩子：这个时间该干什么呀？一天当中还应该有一两次短暂的劳动安排，让孩子做力所能及的家务活，如择菜、扫地等。

③养成恰到好处的看电视和按时睡觉的好习惯。一说到看电视，很多家长将之视为"洪水猛兽"，其实看电视是孩子认识世界的一个途径，不应该将之全盘否定。很小的孩子看电视是无意识的，看到喜欢、有趣的画面会手舞足蹈，但是大点的孩子可能会迷恋上看动画片，一看就无法控制，没完没了，这也许就是很多家长禁止孩子看电视的原因。因此，孩子一旦喜欢上看电视之后，大人要注意引导，对孩子所看的电视内容要有所选择，可以让他多看些少儿频道、动物世界、动画片等适宜小朋友看的节目。看电视要掌握一个原则，就是控制好时间，不能太长，也不能太短。时间太长孩子会精神疲惫，对电视上瘾，不想吃饭也不想睡觉，成为电视的奴隶；时间太短，孩子会觉得还没看够，容易闹脾气。至于看电视的时间多长为宜，也因人而异，视情况而定，家长要灵活掌控。原则是孩子越小，睡眠越长。3 岁以后的孩子就要培养其时间观念了。

④养成良好的饮食卫生习惯。本来吃饭是孩子自己的事情，可是对于大多数家庭来说，孩子吃饭却成了头等大事，而且让家长头疼不已。很多家长抱怨孩子不好好吃饭，一到吃饭的时候就到处乱跑，吃一顿饭常常要耗上一两个小时，有时还要全家总动员，轮番上阵。

那么，如何培养孩子良好的饮食习惯呢？

吃饭前不许吃任何零食，以免影响食欲和造成消化功能紊乱。

1 岁以后的孩子正餐应当上桌与大人一起吃饭（加餐除外）。要给孩子一个固定的位置，使孩子一上座就知道要吃饭了，做好吃饭的准备。饭桌上不许摆玩具，也不能玩玩具。

3 岁以后的孩子，可以让他帮忙摆凳子、拿碗筷，尽量让孩子拿筷子吃饭。这对锻炼孩子的动手能力大有好处。

饭前要洗手，这是吃饭前必不可少的功课。

给孩子盛饭要适量，不多也不少，但是要跟孩子约定不能有剩饭。

吃饭时大人要表现出愉快的情绪，旺盛的食欲，说些“真好吃”、“真香”之类的话，以调动孩子吃饭的情绪。孩子吃饭吃得好、吃得干净的时候，大人要给予适当的表扬。吃饭时间尽量控制在 30 分钟左右。3 岁以后的孩子吃完饭务必要将自己的碗筷收拾好放到厨房去，让孩子从小养成自己的事自己做，不给别人添麻烦的好习惯。5 岁以后的小孩就可以帮忙洗碗筷了。

吃饭时，家人可以小声轻松地说些有趣的或者知识性的话题。如大米是怎么来的，馒头是用什么做的，丝瓜和南瓜有什么区别等与饭桌上食品有关的内容，以激发孩子的兴趣和好奇心。

5. 祈求央告

（1）现象：如边哄边求孩子吃饭，求孩子睡觉，求孩子吃药、打针，求孩子向别人问好等，并答应孩子如果他做好了就满足其各种要求。

（2）危害：家长的威信丧失殆尽；助长了孩子以自我为中心的嚣张气焰，使其养成各种不良的习惯。

（3）预防：在孩子面前永远不要有祈求央告的态度，也永远不要表现出无可奈何的神情。对孩子的教育应当是严肃认真的；对孩子的各种要求应该合理婉拒；对孩子的良好表现应该及时给予表扬、鼓励和适当的奖励。另外，还应该注意以下几点：

①不允许的事情从一开始就要严格要求，这样孩子就不会感到痛苦，也不会再有非分之想。

②严格要求不等于打骂和数落，打骂和数落孩子不会有好结果，也无法达到教育的目的。

③教育和鼓励的话应在事前、事后进行，这样效果最好。两三岁的孩子就可以坐下来好好对话了，和孩子对话时一定要注意态度和表情，对话的时间也不能太长，所说的话要简短、明了。

6. 包办代替

（1）现象：不让孩子劳动和做事，孩子四五岁了还帮他穿衣，给他喂饭、洗脸、洗脚，还心疼地说："孩子还小，长大以后再做吧！"有的大人会嫌孩子做事太糟糕，大人还得跟在后面收拾残局，因此不敢放手让孩子干活，从而导致不少孩子五六岁了还什么都不会做。

（2）危害：大人对孩子"大包干"的做法势必会导致孩子成为"饭来张口，衣来伸手"的寄生虫。孩子上学读书了，即使学习成绩优秀，也可能会成为一个高分低能的人。

（3）预防：最好的办法是尽可能早地让孩子做力所能及的事情，然后逐步增加劳动难度，并营造愉快的劳动氛围。从小参加劳动的内容有：自己吃饭、穿衣、洗脸、洗脚、洗澡，夜里自己起床上厕所，扫地、抹桌子，收拾自己的玩具、整理图书，帮父母买菜、洗菜、做饭、浇花、洗衣服、晾衣服等。

7. 大惊小怪

（1）现象：看到孩子摔了一跤，手指擦破皮流了一点血；看见孩子脚跟前有一条小虫；发现孩子手里拿了一个似乎是危险的东西；当孩子感冒、发烧了等，做父母的就沉不住气慌了神，大呼小叫、一惊一乍的。这种做法会给孩子带来不良的后果。

（2）危害：本来孩子来到这个世界是不知道害怕的，所谓“初生牛犊不怕虎”，不怕天黑、不怕摔跤、不怕小虫、不怕病痛，摔了跤自己也会不声不响地爬起来。可为什么有的小孩慢慢地就变得胆小了呢？这往往都是大人一手造成的。孩子得病了或者摔跤了，大人就慌了神，紧张得不得了，手忙脚乱的。渐渐的，孩子就变得胆小了，即使得了个小感冒也娇气得不行，这也疼，那也不舒服，一刻不让父母离开；见到地上有一只小虫子就吓得不敢走路了……

（3）预防：家长无论遇到什么事情，都不要惊慌失措，尤其是遇到与孩子有关的事情时，一定要淡定，先控制好自己的情绪，然后用自己的智慧努力解决问题，这样会无形中给孩子传递出正能量，给他克服困难的勇气和信心。

8. 剥夺独立

（1）现象：害怕孩子出事，大小事都不敢让孩子去做。如不让孩子出门，不让孩子单独与其他小朋友玩。即使是大人带着孩子出去玩，也多数是在家的附近，而且经常是抱着，或者牵着，生怕孩子丢了或者出点什么意外。总之一句话：“放在手里怕丢了，含在嘴里怕化了。”孩子一点独立的机会也没有。

（2）危害：这样的孩子会变得胆小怕事，毫无自信，容易养成依赖心

理，往往会成为“把门虎”、“窝里狠”，在家横行霸道，到外面则胆小如鼠，造成严重的性格缺陷，长大后也难以胜任独当一面的工作。

（3）预防：一定要从小给孩子壮胆，鼓励他做力所能及的事情。例如，带两三岁的孩子出门时，可尽量让孩子走在前面带路，大人则跟在后面，并给予鼓励：“宝宝真厉害，能给爸爸妈妈带路了。”在保证安全的前提下让孩子外出购物，去邻居家借东西、还东西等。

9. 害怕哭闹

（1）现象：孩子哭闹有可能是因为生病了，或者身体不舒服，如果是这种哭闹则另当别论。有的哭闹是大人从小对孩子过于迁就导致的，孩子一不顺心就又哭又闹，搞得大人心烦意乱，为了平息孩子的情绪，大人不得不对其服软。这也就造成不仅是女孩子的撒娇任性，男孩子也同样野蛮耍赖的现象。

（2）危害：中国有句古话：“3 岁打娘，娘笑；30 岁打娘，娘上吊。”这是发展的必然规律。害怕孩子哭闹的父母是无能的父母，打骂爹娘的孩子会变成无情的逆子，因为父母自小在他的性格中播下了自私、无情、任性和缺乏自制力的种子。

（3）预防：对于孩子的哭闹，大人一定要冷静沉着，仔细分析孩子哭闹的原因，是生病还是其他原因造成的。如果是生病不舒服，一定要及时带孩子就医，并且多给孩子安抚，让孩子觉得大人很关心、在乎他，增强其战胜疾病的信心。

对于无事生非、没达到自己的目的而哭闹的孩子，家长一定要保持冷静，对孩子不合理的要求千万不能随便妥协，但是也不要打骂孩子，如果可以的话，可以转移孩子的注意力，找点孩子感兴趣的事情让他不再纠缠，或者给孩子讲道理。如果孩子还是野蛮不可理喻，家长可采取冷处理，让孩子自己在一边哭闹而不予理会，等孩子撒完野了，情绪稍微好点了，再给孩子找个台阶下，这样孩子也许就不会不依不饶了。

对于习惯性哭闹的孩子，大人在察觉其“火山爆发”前就要开始给孩子“打预防针”，如表扬他是个懂事的好孩子，这样可以增强孩子的自控能力。通过事前“预防针”，事中“冷淡法”，事后“讲理慰藉法”的正确处理，孩子慢慢就会变得懂事、明理，会成为严格要求自己和关心他人的好孩子。

10. 当面袒护

（1）现象：孩子做错事，爸爸要管教孩子，妈妈连忙把孩子拉到自己身后：“有你这样管孩子的吗？别吓着他。”妈妈要管孩子，老人因为心疼孙子，不分青红皂白就上前护犊：“孩子还小呢，至于吗？你小时候说不定还不如他呢。”更有甚者，为了教育孩子，家长们当着孩子的面互相吵得面红耳赤。这样导致孩子特别会“见风使舵”，要是爸爸要管教，他就躲到妈妈那；如果妈妈要管教，他就躲到老人那。

（2）危害：这种当面袒护的行为会给孩子造成极大的伤害，使得孩子颠倒黑白，不知道对错，还会导致孩子一错再错。当面袒护还容易在大人之间产生矛盾，使家庭不和睦。

（3）预防：

①全家最好都学习一下早教的知识，这样老人可以更新观念，年轻的父母也可以充充电。

②全家开个家庭会议，交流思想，统一观点。最好明确一个“话事人”，其他人要配合其工作，这样在教育孩子的事上就不会显得多头管理，让孩子不知所措。

③全家人要明白一点，让孩子受到正确教育是最重要的，而不是大人之间的唇枪舌剑，非要比较出谁的教育更高明。

④在教育孩子时，家中的其他成员要流露出支持的态度，而且配合要高度默契，不要让孩子察觉出大人内部有分歧。

⑤即使有时候某些家庭成员对孩子的教育不妥当，其他人也不要立即干预。应当私下统一思想和方法，这样才能把孩子教育好，才是真正的爱孩子。

在家庭中，“爱”是一个很复杂的话题，它可以给人带来很强的幸福感，给人强大的精神动力，但也可能给人以极大的伤害，造成个人和家庭的不幸。为了孩子的健康成长，我们应该自始至终做到以下几点：用爱的眼神发现孩子，用爱的眼光观察孩子，用爱的鼓励调动孩子，用爱的感觉滋养孩子，用爱的行为影响孩子，用爱的理由拒绝孩子，用爱的责任惩罚孩子，用爱的意志磨炼孩子，用爱的激情感染孩子，用爱的自信相信孩子。

让孩子听话的灵丹妙药

“情绪教育”就是训练人的本质中最深层的动机，使人的知识、品德和意志都能朝着崇高的目标发展，使人的情感、欲望建立在美好心灵和健全人格的基础上。爱的训练与体察，是心情成长的营养素。在这方面，父母的以身作则、言传身教不可或缺，而且“情绪教育”最好从幼儿时期就要开始了。

所谓情绪教育，就是指培养孩子体验他人情绪、控制和表达自身情绪的能力，这样才有利于更好地保护自己。情绪教育是近些年来兴起的一种教育观念，主张教育不应只重视理性知识的传授，也应当培养孩子感受他人情绪、正确表达个人情绪的能力。

情绪是可以互相感染、互相影响的。俗话说：“出门看天气，进门看脸色。”在共同的生活和工作中，每个人的情绪都会或多或少影响到周围的人。比如，你的领导今天心情很好，那他周围的员工一天的心情也会很轻松愉快，工作效率高；相反，若领导不高兴，心情很糟糕，整天拉着个脸，那他周围的人马上会紧张不安，生怕做错事说错话。

我们成年人尚且会受到各种情绪的影响，更何况年幼的孩子呢？他们还没有什么思维分析能力和判断能力，很容易受到父母和周围其他人的情绪影

响。作为家长，明白了这一点后，我们就该好好运用情绪这个教育的“武器”，去影响孩子、感染孩子、教育孩子，尽可能地让孩子在良好的情绪氛围中健康成长。

在孩子的日常生活中，他无时无刻不在观察着大人的表情，领悟着大人的言行举止，从而渐渐明白大人对他的各种要求。由于孩子还小，对大人的依赖性还很强，因此家长在孩子心中的地位很重要，如果教育得当，孩子会非常愿意听大人的话。在对孩子行使情绪教育时，应该做到以下几点：

尽管对孩子十分疼爱，平时也尽量不要过分表露出来，而是应该很平静很自然地对待孩子，不让孩子觉得自己是与众不同的。

年龄稍大点的孩子开始变得不那么听话，总会要一些我们认为没什么用处的东西，或者做一些让我们觉得头疼的事情。如果不满足他的要求，他就会哭闹、发脾气，这时，大人一定要理智，千万不要乱了方寸，要想尽各种办法来处理好孩子的事情。

面对孩子发脾气、耍性子，大人千万不要动怒，更不要打骂孩子，因为这样做根本就是“杨白劳”，孩子反而会更加野蛮任性。最好的办法就是冷处理：让孩子在一边发一通脾气，过一阵子等孩子情绪渐渐平复了，再来对其动之以情，晓之以理。

对孩子的情绪教育一定要具体情况具体分析。如果是一般性的错误，大人只要表现出不高兴、不予理睬就可以了。如果孩子犯了原则性错误，大人一定要表现出非常严肃认真的态度，让孩子意识到自己真的做错了，让他觉得你真的是很生气，可能会不理他了，这样才会达到教育的目的。

在对孩子进行情绪教育时，尽量少掺杂语言教育，因为那样会冲淡情绪教育的效果，会让孩子注意不到你的情绪变化，也达不到教育的效果。

要对自己行使情绪教育的方法有信心，相信孩子会听话的，效果会显著的。

对孩子的言语行为表示生气时，一定要有耐心，千万不要因为孩子的一个微笑或者撒娇就让你“多云转晴”，这样很容易让孩子找到对付你的方法，教育的效果也就大打折扣了。

如果期望情绪教育的效果显著，家长就应该好好学习情绪教育的相关知识，并结合自己孩子的特点来因材施教，找到最佳切入点，这样才会收到事半功倍的效果。据说，科学家居里夫人有三个女儿，有一次她的小女儿做了一件很没礼貌的事情，居里夫人看到后当时没有说她，但是接下来的一个星期，居里夫人都不再像过去那样跟这个小女儿亲近，反而每次看到她都露出严肃的表情。小女儿在被母亲冷落了一周之后，深刻认识到了自己的错误，并很诚恳地向妈妈道歉。这件事之后，居里夫人的小女儿成了一个懂礼貌、会做事的好孩子。由此可证明情绪教育这种无声教育的效果。

家长一定要注意自身的言行举止。俗话说“打铁先要自身硬”，所以，“育儿更需修养高”。我们家长一定要加强自身的行为修养，提高自身的素质，为孩子树立榜样。

创造利于孩子成长的优良环境

瑞典教育家爱伦·凯指出：环境对一个人的成长起着非常重要的作用，良好的环境是孩子形成正确思想和优秀人格的基础。

《三字经》里说："昔孟母，择邻处。""孟母三迁"一词便出自于此。该词的解释为孟子的母亲为了使孩子拥有一个真正好的教育环境，煞费苦心，曾两迁三地。其实，这个故事也从另一个侧面反映出家长努力为孩子营造良好的学习和生活环境的良苦用心。

我们应该为孩子营造怎样的一个理想环境呢？除了前面讲述的"情感环境"，我们还要给孩子创建良好的智力环境、道德环境、规律生活环境和美育生活环境。让孩子长期生活在良好的环境中，接受素质教育的熏陶，相信他们一定能健康快乐地成长。

良好的智力环境

孩子一定要生活在智力环境中，接受智力活动的刺激，这样才会快乐，才会产生好奇心、自信心，从而积极探求外部世界，萌发创新精神。

每个孩子都是天才，只要给孩子找到属于他们的位置，他们就能创造出令人惊讶的成绩。有潜质的孩子整天忙得不亦乐乎，有忙不完的学与玩，忙得没时间吵闹，也不经常纠缠大人，他们可以自得其乐，玩出新花样，同时还可以将快乐和别的小朋友一同分享。

下面我将自己教育小外孙的一些经验和大家一同分享。

（1）首先我们大人要有读书看报、看新闻、关心国家大事的好习惯。叶圣陶先生曾经说过：“身教最为贵，知行不可分。”家长的一言一行，都会成为孩子仿效的标准。小外孙三岁的时候，正好是2008年。记得那一年发生了许多让国人难忘的大事：年初南方的冰冻雨雪灾害、5月份的汶川大地震以及8月份北京成功举办的夏季奥运会。小外孙通过看电视，对这些事情都非常熟悉，也留下了深刻的印象。除此之外，他还爱看科教频道，像《探秘世界》、《魅力记录》等节目，都非常喜爱。其实，适当让孩子收看健康、有教育意义的电视节目，是开拓孩子的视野、扩大知识面的最佳途径，而收看新闻联播等节目，则可以从小培养孩子关心国家大事的好习惯。

（2）在家中孩子方便看到的地方，可以张贴中国地图和世界地图，让孩子从小了解我们国家都有哪些省份和其对应的位置，以及国外都有哪些国家等地理知识。孩子会说话后，可以教他唱歌，如我们的国歌，从小培养孩子的爱国情怀。

（3）家中要有各种藏书，尤其是各种幼儿类图书，并将书放到方便孩子拿取的地方。孩子还小的时候，大人可以根据实际情况帮孩子挑选图书，并给孩子讲书中的故事；孩子长大能识字看书了，就让孩子自己选择买感兴趣的图书。

（4）鼓励孩子动手搞小制作和做小实验，如拆手电筒，用废电池做电动小风扇；春天踏青的季节，扎个小风筝去户外放风筝，与孩子一起去户外折一小节柳树枝做个小口哨，用树枝条扎个伪装的小帽子等。

（5）允许孩子撕纸、折纸、剪纸、贴纸、描红，甚至在墙上涂鸦等。孩子喜欢怎么做就怎么做，能做到什么程度就做到什么程度，不要挑孩子的毛病，要多鼓励孩子，以愉快的心态耐心向孩子作出示范。

（6）陪孩子玩积木、拼图游戏，并启发孩子搞出新花样，以培养孩子的创新思维和发散思维。

（7）多带孩子到户外去扑蝴蝶、挖蚯蚓、捞小鱼、看蚂蚁、捉蚂蚱、摘野花等。与孩子一起将捉来的昆虫制作成标本，做成昆虫标本盒。

（8）带孩子去爬山、跑步、赏风景、辨认树木，参观水库、学习拍照等。出门时告诉孩子都需要带些什么“装备”。

（9）带孩子去正规的游泳池学游泳，去小河边玩沙子、堆沙堆、捞蝌蚪、放纸船、戏水；同时告诉孩子要注意安全，以增强孩子的安全意识。

（10）带孩子去动物园看动物。在动物园里告诉孩子各种动物的名称，并指给孩子看，让他有感性的认识。

（11）教孩子学画画。学画画的初期最好是由家长启蒙，可以画点简单点的物品，如一个苹果，一只碗等。待孩子大一点了，对画画真的产生了浓厚兴趣，可以再去报个兴趣学习班，继续学习绘画。

（12）带孩子去乐器店认识各种乐器，并告诉他每一样乐器都有什么用。如果孩子真的喜欢，但是家里条件不允许，可以给孩子买个乐器玩具先凑合。等到孩子大了真想学乐器，而且有这方面的天分时，可以鼓励他参加一些兴趣学习班。

（13）带孩子看各种展览，参观建筑模型。我小外孙最喜欢建筑模型，还说长大了想当设计师呢。

（14）带孩子看武术训练，鼓励孩子学习武术，这不仅可以锻炼孩子的胆量，还能强身健体。

（15）带孩子去游乐场，鼓励他坐摩天轮、玩碰碰车，锻炼胆量。

（16）带孩子参加各种体育活动，如溜旱冰、玩滑板、骑自行车等，以此锻炼其活动能力和平衡能力。

（17）与孩子一起修理他的各种玩具，如给断了胳膊的娃娃接上胳膊，给衣服破了的小熊缝好衣服等，锻炼孩子的动手能力。

（18）最关键的一项内容是教孩子识字。孩子认识的字多了，其智力水平会大大提高，兴趣爱好会变得更加广泛，说话做事也会越来越像个“小大人”。

上述都是属于智力环境方面的内容。在营造智力环境里还应该创建四个硬件环境，作为孩子智力活动的小天地，这四个硬件是：“一桌”、“二图”、“三柜”和“二园地”，这个要从孩子1岁半起就开始建立。

（1）一桌：在小房间或明亮的角落里，给孩子配备小书桌、小椅子，环境布置优雅美观，文具用品配备齐全。以后孩子学与玩，基本都在自己固定的房间位置上进行，不容许在床上、沙发上或其他的房间里进行。这样日子一久，就会形成条件反射，孩子只要一坐上自己的位置，注意力就会集中起来，什么成年人的谈话，收音机、电视机的声音都吸引不了他。当然这是最理想的状态。桌子上还得摆放有地球仪、小台历或小挂历、小闹钟、小镜子等。

（2）二图：两张地图，一张中国地图和一张世界地图。而且要挂在方便孩子看到的地方。在收看新闻联播时，将电视上报道的大事件所发生的地点告诉孩子，并且在地图上指给他看，或者爸爸去哪里出差了，妈妈也要在地图上将地点指给孩子看。地图的作用非常大，可以大大开阔孩子的视野，增加其地理知识。

（3）三柜：一是书柜或书架。将孩子所有的书整整齐齐地摆放好，以方便拿取。要让孩子觉得这是他的知识宝库，不能弄得乱糟糟的，要养成从小爱护书、爱读书的好习惯。二是玩具柜。要将孩子的玩具分门别类地放在玩

具柜里，摆放整齐。孩子一般不爱收拾玩具，大人一开始要帮着收拾，并且告诉孩子每次玩过的玩具一定要收拾好，同时要爱护玩具，不能随意摔坏和乱扔。三是工具柜。根据孩子的年龄大小逐步给他添置所需的工具。孩子的工具要与大人的工具分开，并让孩子养成自己管理自己东西的好习惯。工具柜里应该有儿童用的钳子、锤子、手电筒，以及各种材料，如电池、硬纸片、三合板、砂纸、胶带纸、双面胶等。

（4）二园地：一块是墙上挂的小黑板，大人小孩可以共同使用：画简笔画、几何图形以及学认字等。小黑板上留出一小块表扬栏，用来记录孩子的进步和成绩，可以贴小红花以示鼓励。另一块是种植园地和饲养园地：面积大小视情况而定，让孩子观察植物的生长，培养其饲养小动物的爱心。

良好的道德环境

良好的道德环境来源于家长的道德修养和耐心、细心的安排。家庭成员之间关系和睦、融洽，彼此相互尊重和相互关心，有利于为孩子情感与性格的健康成长营造良好氛围。孩子在这样的环境中会感到幸福快乐，没有任何精神压力，长大了也会以同样的态度、心情待人，对社会献出自己的爱心。

家庭成员之间有了分歧，即使是为了孩子的事也不宜争吵和出口伤人，可以私下沟通解决。即便是少数恶化到破裂境地的家庭，也应提倡和平、礼貌地分手，绝不能造成“不是爱人便是仇人”的狗血结局，这会给孩子造成莫大的精神创伤。这一条很重要，夫妻双方千万不要当着孩子的面争吵，更不能动手打架，因为那样将会给孩子幼小的心灵留下深刻的烙印。

父母道德高尚，有理想有追求，这是德育环境最重要的无声教育。教育家马卡连柯曾经说过：“你们生活的每一瞬间都教育着儿童。”大多数孩子从小就生活在父母身边，耳濡目染，自然而然就把父母当作自己的学习榜样。

例如，当看到邻居家晒的衣服被大风刮到地上了，恰巧邻居家里没有人，遇到这种情况，妈妈可以带着孩子马上帮邻居把衣服捡起来，如果衣服干了就帮着叠好等邻居回来再送过去。如果年龄稍大点的孩子，可以让他单独去完成这项工作，邻居肯定会说一些感谢的话，这对孩子来说是莫大的快乐和鼓励，“助人为乐”的种子就这样悄悄地在孩子心中埋下了。

年龄稍大点的孩子都喜欢看电视，除了适当给孩子看些有趣的动画片外，大人要多引导孩子看些有正面教育意义的电视节目。记得2010年玉树发生大地震，我小外孙从电视里看到了灾情的报道。一天，他去幼儿园后，见到老师就说：“老师，玉树发生大地震了，死了很多人呢，好可怜呀！大家都去抢救去了，解放军叔叔最厉害，救出那么多的人。”下午我去接孩子放学时，老师就告诉我：“一博那么小就这么关心国家大事，他都告诉我玉树地震了。”我听了心里很欣慰，这都是让孩子看有意义的电视节目产生的效果。

良好有规律的生活环境

良好的生活规律能使人养成良好的生活习惯，并使之成为稳定的行为方式，进而形成好的性格特征，所以给孩子创建良好的有规律的生活环境非常重要。孔子说：“少成若天性，习惯成自然。”

创建良好的规律生活环境应注意以下几个方面：

（1）全家人要有早睡早起早锻炼的习惯，至少父母或家里老人要有一个与孩子一起坚持晨练。清晨带孩子去户外呼吸新鲜空气，跑跑步，做做操，玩耍一番，不仅锻炼了身体、有利于健康，而且还能培养孩子勇敢的精神、坚强的意志和朝气蓬勃的生活态度，使孩子快乐、活泼起来。

（2）家庭生活中形成动静有序的生活习惯，一天中既要有动的游戏也要安排静的活动。要合理安排时间，使孩子动则活跃、静则专注。4岁以后的孩子要教他学会自己分配时间，自己看表掌握时间。生活中视情况每天要安排孩子参加一些家务劳动，培养孩子的劳动习惯。

（3）合理安排孩子看电视和睡觉的时间。电视是孩子认识世界的一扇窗口，可以极大地开阔孩子的眼界。因此家长要正确引导孩子看有益的电视节目，如少儿节目、儿童电视剧、动物世界、新闻节目、各种专题片（如科技、历史、人物传记等）。但看电视的时间不宜太长，最好控制在30分钟至1个小时之内。千万不能让孩子多看电视，多看容易造成孩子注意力分散，精神疲劳，不爱动脑筋，并养成被动、消极、懒散、只讲享受、消磨时光的坏习惯，最终成为电视的奴隶。

该睡觉时，要无条件地让孩子去睡觉。大人不要随意迁就孩子不遵守作息时间的行为。孩子如果非要过一会儿再睡觉时，那也只能答应一会儿，时间为5分钟，最多不超过10分钟。要鼓励孩子养成独立睡觉的习惯，大人不要搂着、哄着孩子睡觉，除非孩子病了，需要悉心照顾。独立睡觉的习惯能使孩子具备独立的意志、勇敢的精神和较强的自制力。

（4）养成合理、规律的饮食习惯。首先大人要重视孩子的吃饭时间，几点吃早餐，几点吃午餐，几点吃水果，几点吃晚餐，这都要合理、科学地安排，确定时间后需将其固定下来。这样孩子就会有规律地生活、学习与玩耍。

 良好的美育生活环境

给孩子营造美的环境，不仅指音乐美、图画美，还应该教育孩子懂得仪表美、着装美、色彩美、姿态美、形体美、情趣美、环境美、自然美、语言美、艺术美、心灵美等，让孩子养成追求一切美好事物的行为习惯。在生活中应该注意以下几个方面：

（1）家里要布置得整洁、大方，墙上可以挂点画，画不一定要很豪华但要美观，能使人身临其境有美的享受。

（2）家里要定期进行大扫除，家具可适当变换摆放的位置，也可以重新挂几张画，让人有新鲜感，从而激发美的创造力。

（3）孩子的衣着要合体、朴素、整洁，不要过分讲究穿名牌，也不要打扮得花枝招展。

（4）孩子不要抹口红、涂指甲，也不允许歪戴帽、斜穿衣、扣子不扣或者穿着拖鞋就去上街，书包也要背端正。

（5）家庭用品、穿戴的衣帽和书籍、玩具等都要放在固定的位置，以方便拿取，不允许把东西放得乱七八糟。

（6）要常听音乐，欣赏美术作品。全家人可以经常讨论各自所喜欢的歌曲，还可以欣赏邮票、古董和雕塑。

（7）有条件的家庭可以带孩子去参观美术展、摄影展，或者观看音乐剧，还可以去看马戏团的演出，以此培养孩子的艺术细胞。

（8）严禁骂人、说低级污秽的语言，家里应该将文明用语进行到底，说粤语的家庭也应该从小开始教孩子学说普通话。

正面鼓励、积极暗示的环境

这是培养孩子积极向上，有自信心、自尊心和意志力最重要的教育环境。在这样的环境下成长的孩子多数会成为心理健康、乐观、有进取精神的人。

相信大多数人都喜欢听到表扬、赞许、鼓励的言语，因为这样心里会很有成就感。其实，积极暗示与鼓励一样，也是一种无声的肯定。暗示有积极暗示和消极暗示两种，凡是会使人增添力量、勇气、快乐和信心的暗示就是积极暗示；凡是会腐蚀人的精神力量的暗示就是消极暗示。

暗示的范围很广，我大致总结了有以下几个方面：

（1）内心情绪表现的暗示。家长要对孩子有信心，从外在的眼神、表情、情绪到内心情感，要自始至终对孩子充满爱、信任和希望，要欣赏孩子、肯定孩子、鼓励孩子。当然，这个信任是建立在科学的早教基础之上的。孩子还小，可塑性很大；另外人才是多方面、多层次的，所谓“行行出状元”，

只要我们教育得法，坚持不懈，孩子总会在某些方面获得充分发展，前途无量。

家长只有在内心深处充满对孩子的殷切希望和信任，才能严格要求自己，提高自身的素质修养，细心观察孩子，不断改进教育方法，也只有这样，才能“润物细无声”般让爱的暖流悄悄流入孩子的心田，逐渐成为孩子理想和追求的原动力。家长千万不要因为孩子年龄增长、反抗行为加大就认为孩子不听话、不好管教，从而降低了对孩子的期望值。《易经》云：“取法乎上，仅得其中；取法乎中，仅得其下。”对孩子的高要求和严标准一刻都不能放松，这样才有可能培养出优秀的孩子。

（2）要不得的消极暗示。家长千万不要拿自己的孩子与其他孩子作比较，更不能拿孩子的弱点、不足与别的孩子的优点和长处相比较。常看到一些家长这样教育孩子：你看谁谁谁家的孩子学习怎么好，怎么听话，你怎么就这么没出息。这样的话实在要不得，也会伤害孩子，给他消极的暗示，让他觉得自己总是不如别人。“尺有所短，寸有所长”，每个孩子都是独一无二的，没有任何可比性。对孩子的缺点，我们既要严格要求，也要宽容和谅解。总之，要想孩子好，我们要多给予鼓励和信任，这样孩子才会对自己有信心。

（3）扼杀孩子的消极暗示。家长要正视孩子的缺点，但是不要总把缺点挂在嘴边，老是唠叨说“你不听话”、“你太懒了”、“你怎么这么笨”等消极的言辞，时间长了，孩子很容易就会被“洗脑”，觉得自己就是这样的人，从而失去改正缺点的勇气和信心，渐渐就变得无所谓，反正“死猪不怕开水烫”了。到了那个时候，家长一定会后悔莫及的。

（4）巧妙的积极暗示。对孩子的教育也要讲究技巧，有时候不能正面表扬，而应该从侧面对其表示肯定和赞许。例如，家里有客人来了，在谈到孩子时，父亲悄悄地对客人说：“这小家伙不错，最近挺勤快的，经常帮姥姥干家务活，我们教他的东西都学得很快，挺机灵的。”这个话看似无意，让一旁玩耍的孩子似懂非懂，但是他会感觉到爸爸这是在夸奖他，心里会特别高兴和满足，从而坚定他将来把事情做得更好的决心。

（5）“弄假成真”的积极暗示。有时候要“弄假成真”，增加孩子心理上的积极因素，克服消极因素。例如，妈妈去幼儿园接孩子回家，从老师那里了解到今天幼儿园给小朋友安排打预防针，全班有8个孩子没有哭，主动让护士阿姨打针，而自己的孩子只哭了几声，后来在老师的鼓励下就不哭了。晚上孩子躺下睡觉时，妈妈故意对爸爸小声说：“今天幼儿园的孩子打预防针，很多小朋友都没有哭，我们的宝贝也表现得很勇敢，听说老师还表扬了他呢。”听到爸爸妈妈的赞许，孩子一定会觉得自己真的表现很棒，将来一定会朝着更好的方向发展，这就是“弄假成真”的暗示。

（6）带动表率的暗示。对于性格比较内向的孩子，如何做能使他开朗活泼起来呢？首先，爸爸妈妈要以身作则，喜欢与人沟通交流，喜欢户外活动，表现得非常热情，活力四射，这样对孩子会有一种潜移默化的作用。对于不好动、胆子小的孩子，家长更要在实际行动上给孩子作榜样。比如在孩子面前敢抓小虫子、打蟑螂，带孩子去游乐场时，敢去坐摩天轮，玩冲浪。渐渐地，孩子一定会在心里埋下勇敢和爱动的种子，这些都是大人的表率暗示。

（7）对孩子的错误“故意忽略”的暗示。3岁，对于孩子而言是一个关键时期。这个年龄的孩子说大不大，说小也不小。对于发生在他周围的一些好或不好的事情，听到的对或者不对的言语，他们都还没有能力去辨识。有时候你会发现从孩子嘴里蹦出一句骂人的话或者是粗口，但是千万不要惊慌失措，更不要大声训斥孩子。正确的方法是装作若无其事，或者跟孩子说点别的事情引开话题，或者对他所说的话反应冷淡，不予理会。孩子一看自讨没趣，就不会再说了。在合适的时候，你要告诉孩子这是骂人的话，是脏话，好孩子不应该这样说，渐渐地，孩子就会明白了。

（8）千万不要重复说孩子的错误行为。心理学史上曾有一个研究积极暗

示作用的著名实验，这个实验是美国一位著名的心理学家罗森塔尔和他的助手做的。他们首先到一所小学的某个班级进行简单巡视，并在“认真”测定后认为某些孩子肯定最有远大前途。这个信息只让老师知道，并要求向学生和家长保密。谁知几个月以后，这个假意的测定（前途是无法测定的）果然发生了效果，被随意指定为最有前途的孩子显得精神焕发，积极向上，学习成绩有明显的进步，而老师们也对测定结果表示满意和感谢。原因何在呢？原来是心理学家运用自己的权威有意暗示了老师，老师流露出的兴奋和积极性又不知不觉暗示给了被指定为最有远大前途的孩子及其父母。孩子的心理接受了来自心理学家、老师、父母的肯定和期待，他们的上进心、理想和信心立刻变得与众不同，所以情绪饱满、积极勤奋地投入学习生活中，从而获得显著的进步。这个实验的结果后来被称作“罗森塔尔效应”，也就是信任和期待的效应，这是积极暗示的结果。

（9）要不得的消极肯定暗示。有的孩子不太爱吃青菜，吃饭老是挑食、偏食，于是家长总是批评他：“你怎么老是挑三拣四的，下次不给吃了。”然而越是这样，孩子的表现越糟糕。

在教育孩子学习方面，千万不要说孩子不爱学习，说孩子笨，你越说，他会越不爱学习，越不好好学习。

家里有客人时，若孩子调皮、吵闹或捣乱，大人也不能当着客人的面数落孩子的不是，更不要严厉斥责，而应该对之冷处理，假装看不见，不予理睬和回应，这样孩子就会自讨没趣，渐渐收敛自己的行为。

（10）对以“自我中心”的行为不要批评数落。大约到了3岁，孩子的自我意识开始萌芽。在此阶段，孩子以自我为中心观察世界，认为周围的人和事物都跟自己密切相关。他们往往从“自我”出发来进行行为选择和活动设计，而不考虑他人。可以说，“自我中心”人人都有，只不过在知识程度和发展速度上存在着个体差异。

爱因斯坦曾说："优秀的性格和钢铁般的意识比智慧和博学更为重要。"而要培养孩子优秀的性格，解决"自我中心"的问题至关重要。孩子"自我中心"的形成往往与父母不恰当的教养方式有关。帮助孩子走出"自我中心"，家长需要学习、采取科学的教养方式。

我觉得，最重要的是家长必须改变错误、传统的教养方法。在现代家庭中，通常是爸爸妈妈、爷爷奶奶、姥爷姥姥一堆大人围着一个孩子转，把自己最好的都给了孩子。家长应该改变这种对孩子过分保护、溺爱的态度，给孩子提供与同龄人交往的机会，让孩子在与他人的交往中体验到快乐，学会分享与合作。让孩子知道他只是家庭成员之一，家庭成员之间应该互相关心，互相帮助。当孩子有分享行为时，爸爸妈妈要及时表扬。需要注意的是，家庭成员之间应保持教育的一致性，当孩子把东西给你吃时，你不要说："我不吃，给你一个人吃。"

多让自己的孩子与别的孩子交往。可以请小朋友到家里玩，如果两个人都争着玩一样东西，家长可以启发孩子想一想怎么办，学习轮流着玩，你玩一会我玩一会，或者说"我和你一起玩"。当孩子与同伴发生争执，意见不统一时，家长作为孩子的管教者，不能事事以自己的孩子为中心，什么都干涉，应放手让孩子自己去积极解决存在的问题。

让孩子体验分享以及分享的快乐。鼓励孩子把自己心爱的图书和玩具带到幼儿园和小朋友一起玩。幼儿园的春游、秋游对孩子而言，也是一个很好的教育机会，孩子可以把自己带的东西分给老师和小朋友，使孩子在与别人的分享中得到快乐。

总之，对孩子的"自我中心"行为一定不能采取当面数落、埋怨、否定的态度来进行教育。我建议家长们要充分信任孩子，以最大的耐心和爱心给予孩子正面、积极的暗示，并且作出表率，让孩子从我们良好的言行举止中逐渐学习并改正自己的错误和缺点。

不可缺少的幼儿园生活环境

幼儿园的集体生活环境也是孩子成长过程中不可缺少的重要环境。孩子许多优良性格、品质和能力是需要在幼儿园中与小朋友们共同生活后，才会慢慢萌芽、发展、培养、锻炼出来的。那么，去幼儿园能培养和锻炼孩子具备哪些优良品质和能力呢?

在集体生活中，孩子可以养成许多好的品质和获得一些能力，如友爱、协作、大方、守纪、开朗、公道、礼貌、自尊、集体观念、竞争意识、责任心、组织能力、团队精神、领袖能力、牺牲精神等。这些品质和能力离开了集体生活的环境是很难产生，也很难培养起来的，所以孩子到了一定年龄一定要去幼儿园过集体生活。

但家长千万不要以为把孩子送去幼儿园，就可以当甩手掌柜了。家长应该经常与幼儿园的老师沟通交流，时刻关注孩子在幼儿园的表现，以及孩子在集体生活中是否能健康快乐成长等。

吃行为的教育

中国父母对孩子的爱，在吃饭问题上可以说是表现得淋漓尽致，从婴儿时代的一勺接一勺，到幼儿时代的满屋子追着喂，甚至到孩子六七岁，还在求着孩子逼着孩子吃。美国父母也关心孩子的饮食，关心孩子的营养均衡、饮食质量。但是，美国父母把吃饭的主动权交给了孩子，他们认为，让孩子从小自己决定吃还是不吃，吃多少，是培养他们思维独立的开始。

“民以食为天”，这句古语极言吃饭的重要性。就像人们长期以来见面打招呼习惯说“吃饭了吗?”一样，中国人凡谈及吃饭问题，“民以食为天”一语多半会脱口而出。吃是人类生存的根本需求。小婴儿从一出生就会吃奶，渐渐长大就可以吃干粮。什么好吃，什么不好吃，这些都不用教，孩子自己很快就会知道。如有的小孩对甜食特别“情有独钟”，每次吃甜食时，都会用小舌头舔舔嘴唇，露出高兴的表情。

吃是维持人类生存最基本的需要，也是生活的主要内容，更是教育孩子最重要的课题。随着孩子年龄的增长，吃的行为越发凸显出来。如何培养孩子良好的饮食习惯呢?首先我们要从思想上深刻认识到以下几点:

首先，孩子的吃饭问题不是简单的小问题，而是从小做人、做事的开始，

要重视起来。

其次，应制定出一套科学、合理、严格的饮食行为要求，使孩子养成良好的饮食习惯。

最后，多学习关于婴幼儿的科学营养的膳食搭配知识。

孩子饮食习惯的重要性

现在的物质条件、生活水平较以前都有了很大的提高，照理说孩子的吃饭问题应该不是什么大问题了，然而现实情况却并不乐观。在大多数家庭里，孩子的吃饭问题是众多家长吐槽的焦点。常常看到这样的现象，一到吃饭时间，孩子就到处乱跑，跟大人玩捉迷藏，爸爸妈妈、姥爷姥姥或者爷爷奶奶则跟在后面又是追又是喊，吃饭本来是孩子自己的事情，现在却成了大人的事情。我小外孙的吃饭问题虽然没有那么严重，但是也让我感到很头疼。

因此，培养孩子良好的饮食习惯非常重要。如果一个孩子连吃饭这样最基本的事情都不能做好，那么孩子长大后做其他事情也是不会让人省心的。所以，吃饭看似是件小事，但是它对孩子未来的成长影响重大。良好的饮食行为习惯可以培养出孩子的自觉性、独立性、责任心、自信心，从而使孩子养成节俭、勤劳、大方、尊老的美德。首先，我们可以设想一下，到该吃饭的时候，不用大人催，孩子就能主动坐到餐桌旁来吃饭，那他将来做起事来也会自觉、主动、井井有条。这样就养成了自觉、主动的习惯。其次，吃饭时孩子自己吃，不用大人追着、喊着、求着，那么将来孩子长大后不管是做事还是学习，也会自己想办法克服种种困难。这样就会养成独立、有责任心的品德。最后，吃饭时不浪费，能吃多少是多少，将来孩子做起事来也会养成保质保量的好习惯。这又培养了孩子的自信心，有利于养成做事认真的习惯和节约的美德。

如何培养孩子良好的饮食习惯

（1）哺乳期的孩子，如果是母乳喂养，妈妈喂奶时一定要在一个安静的环境下进行。喂奶时，妈妈的眼神要与孩子有交流，让孩子感觉到母亲的爱和关怀。因为妈妈和孩子会有心灵感应，如果妈妈在喂奶时感到非常幸福，那孩子也会吃得很愉快。对于吃母乳的孩子，妈妈最好按需喂哺，孩子饿了就喂，尽量满足孩子的生理需求。

（2）对于没有母乳、要吃奶粉的孩子，同样需要安静的环境和定时定点喂养。对于稍微大一点的宝宝，可以让他自己抱着奶瓶喝奶，大人在一旁协助，直到孩子可以独立喝奶为止。

（3）孩子到了能吃饭的时候，一定要注意培养其良好的饮食行为习惯。首先给孩子准备一套固定的吃饭工具：包括碗、筷子、勺子、杯子，并在上面写上孩子的名字；其次，还要准备与孩子身高相适应的固定的桌椅，使孩子有自己的吃饭空间。这样孩子一坐上去就会有要吃饭的感觉，从而慢慢也会形成好好吃饭的习惯。

（4）大人做的饭菜应尽量满足孩子不同年龄段的成长需求，并尽可能做得色香味俱全，让孩子有食欲。

（5）给孩子盛饭时要根据实际情况而定，小一点的孩子可以少盛多次，大一点的孩子可以征得其同意，能吃多少就盛多少，千万不要勉强，更不要浪费。

（6）吃饭时，大人最好不要当着孩子的面谈论哪个好吃哪个不好吃，这样会给孩子带来消极的暗示，养成挑食、偏食的坏习惯。在餐桌上，大人最好每样都吃，而且要表现出吃得津津有味的样子。

（7）在饭桌上家长可以跟孩子谈论一些与吃喝有关的话题。比如，这个菜叫什么名字，哪里出产的；为什么有的菜吃叶子，有的吃根，有的则吃

茎；北方人和南方人的饮食习惯各有什么不同；为什么外国人吃饭用刀叉，中国人吃饭用筷子……对于这些轻松有趣的小知识，家长平时一定要多了解，并且做到胸有成竹，以便吃饭时可以用最通俗易懂的语言讲给孩子听。

（8）要培养孩子自己吃饭的习惯。只要孩子表现出要自己吃饭的意愿，家长都要让孩子自己去吃，哪怕刚开始吃得到处都是，也不要嫌麻烦，更不能数落孩子，等孩子长大点，慢慢就会自己好好吃饭了。

（9）家长给孩子买一些好吃的东西时，要鼓励孩子与大家分享，尤其是与家里的老人共同品尝，这样有利于养成尊老的美德。我小外孙在尊老这方面做得比较好，每次他妈妈给他买了好吃的东西回来，他都先跑过来让我和他姥姥先尝尝，有时候他姥姥在做饭，他也会特意留出一份给姥姥。虽然孩子给老人吃的东西不多，因为大部分都是他自己吃了，但还是要对孩子这种先人后己的行为给予表扬和鼓励。

（10）在两餐之间可以吃一些水果、零食，但在开饭前绝对不能再吃零食，尤其是不能喝饮料，以防孩子不好好吃饭。

（11）平时尽量少给孩子买零食，带孩子去逛商场和超市时也不能任由孩子想要什么就买什么，即使要买，也要挑些对孩子健康有利的食品。零食买回来也不要摆放在孩子容易看得到的地方，以免不时勾起他的食欲。孩子哭闹时，千万别把零食当成哄孩子的法宝。要多鼓励孩子吃饭、吃菜、喝汤、喝粥，三餐定时、有规律，对孩子健康成长大有好处。

（12）孩子两岁左右时就要训练他参与开饭前的准备工作了，让孩子做些他这个年龄力所能及的事情，如拿碗筷、搬凳子或者盛饭等。

（13）对于年龄大一点的孩子，家长要鼓励他吃完饭后帮忙收拾碗筷、清扫地面，以此培养孩子良好的劳动习惯。不要怕孩子不会做，或做不好就不让做，更不能挑剔孩子做事的质量，因为这样会挫伤孩子劳动的积极性，打击孩子的自尊心。

（14）即使孩子还小，也不要用命令的语气跟孩子说话，如命令孩子吃饭、洗澡、做家务等，一定要把他当成“小大人”，给予充分的尊重。

（15）对孩子付出的劳动，不管效果如何，家长都要给予适当的表扬和鼓励，这样会增加孩子的信心，让他觉得自己是个好孩子、小大人，以后干活会更加积极和认真。

（16）在孩子的吃饭问题上，全家人一定要统一思想，千万不要爸爸认为这样，妈妈认为那样，老人又来一套，搞得孩子不知所措，同时也影响了孩子良好饮食习惯的形成。

玩行为的教育

学习是生活中最有趣和最伟大的游戏。所有的孩子生来就这样认为，并且将继续这样认为，直到我们使他相信学习是非常艰难和讨厌的工作。有一些孩子则从来没有真正地遇到这个麻烦，而且终其一生，他都相信学习是唯一值得玩的有趣的游戏。我们给这样的人一个名字，我们叫他天才。

——［美］格伦·多曼

虽然早教的概念已深入人心，但仍有不少家长对此皱眉、摇头：“孩子还小，能学个啥呀，还不如让他好好地玩，过个快乐的童年！”没错，孩子是小，主要还是以玩为主，并在玩耍中慢慢长大。然而这与早教并不矛盾。孩子的童年时光是很宝贵的，正是接受早期教育的大好时机，不能白白浪费。

不可否认，爱玩是每个孩子的天性，任何人都不应该剥夺孩子玩耍的权利。但是我们也要科学、冷静地分析：孩子需要玩什么、怎么玩，是否该在孩子玩耍的过程中让其增长点知识，这些都是值得我们思考的。我觉得科学的早教就是要让孩子在玩的过程中不知不觉地接受教育，既玩得开心，同时也增长知识，可谓一举两得。

小孩生活的内容无非就是吃和玩，而吃有吃的学问，玩有玩的学问。早教的理念就是：最有趣的玩就是最好的学，最有趣的学就是最好的玩。

孩子刚来到这个世界，他对一切都是陌生的，对一切都感到好奇。随着年龄的增长，孩子懂得了挑选，喜欢各种新奇好玩的、会动会响的小玩意。我们要根据不同年龄孩子的需求特点，适时为其提供玩的内容与玩的物品，并加以科学指导。

玩具的选择

鲁迅先生曾在《风筝》一文中指出："游戏是儿童最正当的行为，玩具是儿童的天使。"没错，玩具对于孩子们的意义，是什么都无法替代的。玩具的形状各不相同，颜色又多姿多彩，让孩子的生活一下子生动起来。孩子因为玩具的出现而觉得生活很有意思，和玩具在一起时，他们的欢声笑语从不间断；通过不停地摆弄玩具，平淡的时光也充满了欢乐。孩子在玩具不同颜色的视觉刺激下，在头脑中形成不同的形象；孩子在玩具不同形状和性能的体验中，渐渐提升自己的认知能力；孩子在玩具的摆弄中，不断创新玩法，头脑变得更灵活……这一切都开启了孩子丰富的形象思维。

此外，科学类玩具让孩子从小爱钻研；动作类玩具让孩子练就更好的身体素质；操作类玩具让孩子手部动作更精细；艺术类玩具让孩子从小玩出艺术细胞……玩具给孩子们带来的不仅仅是娱乐，也是一种学习和锻炼，他们通过玩具认识到越来越多的东西，而且，通过玩具的引导，孩子会创新自己的思维，进行大量的脑部思考，这些思考会让孩子无限的智慧潜能被激发出来。

玩具能给孩子带来许多好处，而家长在给孩子添置玩具时应该遵循以下原则：

（1）在买玩具前要事先考虑好，该给孩子买个什么样的玩具，价位多高，这个可以根据孩子的实际需求来定，或者也可以跟孩子商量，但是不能

任由孩子说了算。

（2）千万别把玩具当作糊弄孩子或平息孩子吵闹的救命法宝。为了摆脱孩子的纠缠，随便买一个玩具扔给孩子，把玩具当作消磨孩子时光的消费品，这种做法也是大错特错的。

（3）玩具不见得越贵越好、越大越好、越多越好，因为这样会容易让孩子养成不爱护玩具、不珍惜玩具的坏习惯。家长应该尽量买物美价廉、性价比高的玩具，让孩子从中得到快乐并学会养成勤俭节约的好习惯。

（4）给孩子买的玩具不要立刻就给他玩，等到需要时再给更合适，比如孩子表现好了，过生日了，或者学习有进步了，此时把玩具当作礼物送给他，孩子会很开心，同时也会更加珍惜和爱护玩具。

（5）玩具旧了，孩子不爱玩了，不要马上丢弃。可以视玩具的新旧情况，将稍微好一点的、损坏程度不大的或以后还能继续再玩的存放起来，过一段时间再拿出来给孩子玩，这样就会有新鲜感。

（6）尽量买价廉物美、简单易操作的智力玩具，少买价钱昂贵、操作复杂的智力玩具。简单的智力玩具孩子很快学会，在玩的过程中也容易产生成就感，这样的玩具对开发孩子的智力和动手能力大有好处。复杂的智力玩具大人玩起来都困难，更别说小孩子了，这样会很容易挫伤孩子的积极性，既浪费了金钱，也没有任何实际意义。

（7）少买纯娱乐性的玩具，如枪、炮、车、大小布娃娃等。这些玩具不仅价格昂贵，而且作用不大，孩子只是图一时兴趣，很快就会丢在一边了。

（8）玩具尽量是做、买结合。与孩子一起制作玩具，即使是最简单的，也很有意义，能锻炼孩子的思维力、创造力和动手能力。

如何陪孩子玩玩具

引导孩子玩，或者说陪孩子玩是考验家长对孩子是否有爱心、耐心、责任心的试金石。虽然玩是孩子的天性，但孩子还小，因此还不怎么会玩。此时，孩子非常需要大人的陪伴和引导，而大人的陪伴也会使孩子对玩产生更加浓厚的兴趣，孩子也能从中获得更多的感性认识。家长在引导孩子玩的时候要注意以下内容：

（1）千万不要为了省事，直接将玩具丢给孩子让他自己去玩。这是很不负责任的做法，很容易造成孩子不能安心玩、专心玩，而且很快就会玩腻的后果。家长应该尽己所能，告诉孩子这是什么玩具，有什么用，由哪些主要部件组成等。为了让孩子知道玩具该怎么玩，还应该给孩子作示范。

（2）可以在玩玩具的过程中，教会孩子玩具的名称。孩子都很聪明且又有悟性，由于这是他感兴趣的玩具，因此只要你告诉他，他就能认识、学会和记住。

（3）不管有多忙，大人每天都要抽出一点时间陪孩子玩一会玩具，并且尽己所能教会孩子玩出新花样。大人的陪伴会让孩子对玩玩具更加感兴趣、更加投入，印象也更加深刻。

（4）有些智力玩具需要家长给予适当的帮助才能完成，家长可以给孩子一点提示，让孩子自己去“攻坚克难”，这样孩子会很有成就感，同时也会增强孩子的钻研意识。

（5）通过玩玩具，家长可以适当给孩子讲一些简单易懂的道理。这样能使孩子玩得更清楚、印象更深刻。

（6）玩具不要一次性摆放太多，因为孩子的专注程度不高，太多玩具容易使孩子精力过度分散，达不到效果。

（7）孩子不想玩玩具了，大人要鼓励孩子自己将玩具统一放回玩具箱

内，要是孩子还很小，不懂事，大人要帮孩子做这件事，渐渐地，等孩子长大懂事了，就让孩子自己去独立完成，让他自己的事情自己做。

（8）不要让孩子自己单独玩，最好有大人陪同。一定要防止孩子误吃、误咽、误卡、误挤、误扎、误夹，尤其是防止误触电。孩子小，不懂得什么是危险，大人一定要十分小心谨慎，不得有丝毫马虎。

（9）生活中到处都有可供孩子玩耍的乐趣，最好的做法是把每天司空见惯的东西变成玩的内容。当然，这需要爸爸妈妈积极开动脑筋，让孩子充分感受到生活的美好。在这里，我举出以下的例子供大家参考：

①拿数个碗、碟或者玻璃杯就可以当作乐器，因为每个碗、碟或玻璃杯所发出的声音都不一样，你可以用筷子敲，聪明的家长估计可以敲出《两只老虎》、《生日歌》等不同的歌曲来，孩子看着也会非常开心，跃跃欲试。

②拿个废旧电子表，教孩子拨动后边的转钮，当表针转动的时候，顺便告诉孩子这是几点，以及什么是时针、分针、秒针。

③全家运动会。在客厅的两边放两个大碗，碗里各放 5 个乒乓球，让孩子端着不锈钢盘子运乒乓球，盘子里一次只放一个球。爸爸喊“开始”后，孩子就端着盘子赶紧跑，并且要求乒乓球不能掉下来，跑到另一边把乒乓球放到那个碗里，然后赶紧跑回来再取，再跑过去放下，如此反复几次，看运完 5 个乒乓球需要多长时间。这样的活动既锻炼了孩子的平衡力，又增添了全家的欢乐，如果家里地方宽敞的话，还可以叫上邻居小朋友一起来玩，那就更有趣了。

④找玄机按喇叭。买个带开关的喇叭，一开始不让孩子知道有开关，你把玩具给他，他玩一会儿就腻了，不爱玩了。你再悄悄送上开关，一按开关玩具就响了，孩子会马上跑过来又开始玩，还会探寻响声的奥秘。当他找寻到开关时，会玩得很高兴；但找不到开关时，就不想玩了。你再当着孩子的面按响喇叭，这样他很快就学会了，而且会高兴得玩个不停。这个活动最适

合 1 岁左右的孩子。

⑤找一块磁性稍强一些的吸铁石，可以带孩子玩出许多花样来，如吸铁圈、吸钥匙、取东西、挂钥匙等活动。孩子会从观众变为表演者，兴致勃勃。这个活动适合 3 岁左右的孩子。

⑥必不可少的玩具：地球仪（买稍大一些的地球仪）。地球仪可以告诉孩子许多知识，如大海、陆地、高山、湖泊、赤道、南极、北极等。孩子在6岁以前最好懂些地理知识，这样可以开阔眼界。

⑦创造宇宙空间。将一个房间变成一个黑屋子，然后放一个白炽灯，将其比作遥远的太阳。再将地球仪放到一个合适的位置，家长转动地球仪就能解说白天和黑夜的道理，而周围就是浩瀚的宇宙空间。孩子会十分投入，听得聚精会神。

⑧带孩子做个鸡蛋不倒翁，在鸡蛋壳上画出各种脸谱，孩子会非常喜欢，并迫不及待地要自己尝试一下。

⑨带孩子做个万花筒，让孩子观察里边的千变万化。此外，家长还可以告诉孩子万花筒的秘密。

⑩给孩子做或买一个铁环和推把，教孩子推着玩。心灵手巧的家长还可以给孩子制作陀螺，教孩子抽陀螺。

⑪带孩子去亲近大自然。让孩子看花、草、树、果实、昆虫等。还可以采摘一些叶子或者花朵，捉一些蝴蝶或蜻蜓回来，和孩子一起研究。

⑫带孩子去河边玩堆沙堆，如堆假山、堆金字塔、筑堤坝、筑万里长城、筑烽火台等。孩子会玩得很高兴，甚至将自己弄成个小沙人。

⑬从市场买几条小鱼和小泥鳅回来放在盆里，让孩子伸手来抓，可以锻炼孩子的胆量和反应能力。小鱼和小泥鳅很难抓住，但孩子会玩得很开心，玩上一个多小时也不会厌倦，甚至弄得全身是水也不在乎，兴致很高。大人可以趁机问孩子鱼和泥鳅有什么不同，以培养孩子的观察能力。

⑭带孩子做个土电话。材料需要 4 个一次性纸杯和一根小红线。先将两个纸杯用红线串联起来，这样一部电话就算做好了，接着家长与孩子一人拿一头，剩下的两个纸杯当作说话的麦克风，与孩子隔着门说话。让孩子模仿打电话，孩子也会玩得很高兴。

⑮春、秋两季带孩子去户外放风筝。风筝可自己做也可以从外面买，做的风筝可以让孩子在上面画点图案，不要要求太高，只要孩子愿意画就行。放飞的时候再剪个桃形的“红心”纸片粘到风筝上，以此当作手信“送”给远方的亲人。

⑯带孩子做科学小实验，如“抓空气”、吹泡泡。

⑰教孩子变儿童魔术。大人可以现学现变，同时也可以教给孩子，虽然不是什么高质量的魔术，但是孩子也会玩得很开心。

⑱带孩子去博物馆、展览馆、动物园，让孩子增长见识。

⑲配合孩子识字的速度将一个汉字对半剪开，左右偏旁剪开，然后让孩子自己来组合。孩子从玩拼字的游戏中，可以加深对汉字构造的认识和记忆。

⑳带孩子去郊游，教孩子拍照，给爸爸妈妈、爷爷奶奶或姥爷姥姥拍照留念，还可以让孩子拍风景或者把看到什么喜欢的就拍下来。

不同年龄段孩子对不同的玩具感兴趣

0～1 岁：多玩感知触摸类玩具，如颜色鲜艳，声音悦耳，便于抓握、抛掷的铃铛、拨浪鼓，可敲打的小鼓，布娃娃，毛绒小动物，气球，皮球，结实的串珠等。千万不要给孩子小棍子和小球，小棍子容易扎伤孩子，小球则容易被孩子误吞入口内。

1～2 岁：多玩走动类玩具，如牵着走的小鸭、小狗、小马，推着跑的小汽车或电动小火车；能提高双手动作精细度的玩具也颇受孩子欢迎，如套盒、套碗；部分孩子则喜欢玩给大小球找家的玩具。

2 ~3 岁：多玩模仿类的玩具，这有利于发展孩子的想象力。如用小家具、小餐具、小炊具玩“过家家”，用听诊器、注射器扮医生，用小电话学打电话等。运动玩具则可准备儿童车、皮球等，让孩子学拍、学接、学跳起来打球。

3 ~4 岁：多玩智力玩具，如七巧板、小算盘、拼图玩具、几何图形积木玩具、塑料组合积木、美术图片、美术邮票等。此时的体育玩具可增加小羽毛球拍子、滑板车、儿童三轮车等。

4 岁以后：除可增加略复杂一些的智力玩具外，还可添置一些大人使用的放大镜、照相机、显微镜、磁铁、指南针、寒暑表、儿童手表、钢卷尺、电子琴、手电筒、计算器等。

如何与孩子沟通和交流

现在的父母应学会怎样和孩子说话，怎样准确地向孩子传达出内心的想法、愿望，使孩子能够及时知道父母“批评”、“教育”中所蕴含的关爱和善意，减少由于父母“言辞不妥”而引发孩子的抵触情绪。

随着《爸爸去哪儿》这个亲子节目的热播，李湘和王岳伦的女儿王诗龄成为大家热捧的小童星。在电视节目里，王诗龄不仅呆萌可爱，而且懂事、机灵、聪明。同时，她还有着令人羡慕的好个性，特别是她自来熟的性格，能很快跟陌生人打成一片。不少家长尤其是家有千金的家长特别希望自己的孩子也能像王诗龄那样伶牙俐齿，有良好的沟通表达能力。

如何跟孩子沟通与交流也是一门学问，它关系着孩子语言和思维能力的发展，以及表达能力的提高，需要我们认真考虑和对待。孩子的说话有四个时期，分不会说话期、冒话期、会说话期和表达期。我通过学习与实践总结出以下经验，供家长们与孩子沟通交流时参考。

不会说话期：锻炼孩子的听力

（1）注意你的表情，要和颜悦色，满脸微笑。带着喜悦与幸福的心情看着孩子。

（2）要注视孩子的眼睛，观察孩子的眼神与面部的表情变化。

（3）说话的声音要柔和、亲切，声音不高也不低。

（4）语速缓慢、吐字清晰。

（5）说话的语调要平和，不要过分亲昵。

（6）如果会说英语的可适当说一些英语，但是要注意发音准确。

（7）适当配合手势，以引起孩子的注意。

冒话期：学说话的关键期

（1）要充分尊重孩子的学说话权，这是孩子走向成才的关键一步。

（2）要认真、耐心、反复地教孩子说话，并配合认字教孩子说话。

（3）教孩子认字的语言最好是普通话，会说粤语的家长也可以说粤语。

（4）千万别说儿语，如“吃饭饭”、“喝水水”、“吃菜菜”、“睡觉觉”等。

（5）教孩子说话时大人不能着急，慢慢与孩子说，并且发音力求准确，由简单到复杂。

（6）多鼓励、等待孩子说话，可以适当采取给予小奖品的办法。

（7）千万别学孩子说话，更不能取笑孩子说话，以免挫伤孩子说话的积极性。

（8）有的场合孩子不愿意说就不要强迫，以免伤害孩子的自尊心。

（9）家长会说英语的，可以适当跟孩子进行一些简单的英语会话。

（10）孩子学说话有自己的时间表，大人千万不能太着急，要对孩子有

耐心和信心。

会说话期：树立自我期

（1）孩子进入会说话期，同时也就迈入了树立自我的关键期，这是非常重要的一个时期，它关系到孩子将来的交往与交际能力。孩子虽然会说话了，但还不够熟练，家长要高度重视，给予科学指导，提高孩子的沟通表达能力。

（2）无论你是高兴还是生气，如果需要与孩子沟通交流，或者孩子主动与你对话，你首先要调整好自己的心态，不能让自己的不良情绪影响到孩子。

（3）与孩子沟通交流时，眼睛一定要看着孩子的脸、眼睛，态度要和蔼，语调、语气要平和，声音要温柔，语速不能太快，一定要让孩子听明白。

（4）和孩子说话时态度要认真、诚恳，尽量用孩子那个年龄段能听懂的语言来表达。

（5）告诉孩子说话不要着急，不要紧张，更不要害怕，慢慢地说。

（6）跟孩子交流时主要以普通话（或者粤语）为主，但有时也可以说家乡话。

（7）会英语的家庭可以跟孩子讲英语，不会的也可以和孩子一起学习。

（8）问孩子问题时要认真、诚恳，听孩子回答时也要专注、有耐心，不要中途打断和纠正，更不能表现出不耐烦的样子，这样会让孩子觉得很没劲。

（9）问孩子问题时要一个一个地问，尤其是一家人都问的时候，不要七嘴八舌，这样孩子会不知所措，没法回答。

（10）当孩子有问题需要请教大人时，要告诉孩子先使用礼貌用语，然后再问问题。例如，“妈妈，您有时间吗？我有个问题”。

（11）和孩子沟通交流时，所说的内容要简单明了，不能太复杂，不然孩子会听不懂。

（12）和孩子说话时不要有脏话、粗话，也不要说口头禅。

（13）经常教育孩子说话时要使用文明用语。如“您好”，“谢谢”，“对不起”，“您慢走”，“您小心点”等。

（14）孩子没听清楚、没听懂的话，大人要耐心地重复几遍，让孩子慢慢理解。

（15）孩子在打电话时，要教他先说什么，然后说什么，最后说什么。

（16）最重要的一条，当孩子与你进行所谓的争辩讲“理”时，大人千万不能以势压人，用恫吓的口气制止孩子的争辩，这样会打乱孩子的思维，容易吓着孩子，把孩子弄哭，还容易使孩子因紧张而落下口吃的毛病。

表达期：说话的提高期

（1）大人平时要多给孩子讲故事，比如睡前故事，然后让孩子复述，这样可以锻炼他的口才与表达能力；孩子给大人讲故事的时候，无论讲得怎么样，大人都要很认真地倾听，这样孩子就会很有成就感。

（2）孩子会识字、认字之后，大人要多让孩子唱儿歌，念古诗、小短文，说绕口令，以此来锻炼他的口才。

（3）给孩子创造登台表演、表现自我的机会。我小外孙三岁半时很喜欢登台表演，于是我就给他报名参加了广州市首届最具魅力少儿舞蹈、演讲才艺表演大赛。比赛规定每个参赛者只有 5 分钟的表演时间，可是小外孙要讲的故事长 10 分钟左右，讲的是内蒙古大草原一个关于小白马的故事。孩子绘声绘色地讲到一大半时，时间到了，结果大赛评委觉得他讲得很精彩，于是破格允许他讲完全部的故事。孩子很高兴，兴致勃勃地把故事讲完。当时我还给他录了像，并且制成了光碟，保存至今。

家长教育孩子的误区

对于“怎样教育好孩子”，一直以来都是广大家长们最关心的话题。教育孩子的方式方法多种多样，对于每个孩子的教育方法也不是千篇一律，而是因人而异，这其中就大有学问。教育孩子应根据他的性格特点、兴趣爱好、行为习惯等采取相应的方法，这样才能收到好的效果。

“望子成龙，望女成凤”是绝大多数家长的美好心愿。但是，并不是每个孩子都会变成父母所期待的那样，有的甚至会走向反面。有的孩子因为调皮、不听话、不好好学习，把家长气得火冒三丈，一些不注重教育方法的家长甚至对孩子破口大骂：“笨蛋、没出息的家伙……”

其实，教育孩子是门大学问，也是个漫长的过程，需要家长从小给予孩子正确的教育和科学的引导，同时因为在教育孩子的过程中还会遇到许多棘手的问题，所以也需要家长有更多的耐心和爱心。结合培养小外孙的经验和个人的认识，我总结了以下一些家长教育孩子常见的误区，并提出我个人的一些意见和建议。

说孩子不听话

孩子跟大人唱反调、不听话、调皮捣蛋是最让人头疼的事情。对于这个问题，要从以下三方面来分析：

首先，在孩子懂事之前由于天性使然，不听话是再正常不过的了。其实我们大人也不喜欢被人管，更何况是还不太懂事的小孩呢？在孩子的世界里，吃、喝、玩、睡基本就是他全部的生活，而且孩子对周围的很多事物都感到很新鲜、有趣，表现出强烈的好奇心和探求欲。大人要他这样那样，他哪里会愿意呢？所以常常看到这种情况：大人说西，孩子说东；大人要孩子这样做，孩子偏偏那样做……其实，孩子慢慢长大，接受了教育，就会知道守规矩了，家长对着丁点大的孩子大呼小叫，要他这样那样的，结果肯定适得其反。

其次，有的家长老是抱怨孩子不听话，但有没有想过以下这些问题：你到底让孩子听你什么话呢？你说的话符合孩子的生理、心理特点和成长需求吗？你说话时是否考虑到孩子的情绪？你说话的态度和技巧是否恰当？……如果我们能想明白这些问题，那么你说的话孩子就不会那么抵触，他们也就会慢慢接受，变得听话。

最后，婴幼儿在6岁以前有三个“反抗期”。

第一个“反抗期”是学会走路以后。孩子会不服管教，哪儿都想去，哪儿都想看，哪儿都想摸，极具冒险精神，喜欢把家里弄得乱七八糟，大人也因此被折磨得筋疲力尽。

第二个“反抗期”是3岁以后。孩子会公开与你叫板，更不会随你摆布。所以此时的你更要提高自己的教育水平，本着尊重、平等、协商、交流的心态与孩子交往，必要时要动用“情绪教育”的武器，但千万不能明着来，或者对其采取强制性的压制。

第三个“反抗期”是孩子即将脱离幼儿期而进入少儿期的这个阶段（6岁左右）。孩子开始有自己的小伙伴了，不愿意在家里玩了，也不爱听你的“老生常谈”了，这时更加需要家长提高与孩子沟通交流的水平。

这三个“反抗期”是孩子成长必然经历的过程，因此偶尔不听话也是很正常的。但是，如果孩子不听话多于听话，那我们作为家长的就该好好自省了。俗话说得好：“没有不听话的孩子，只有不会教育孩子的父母，不会跟孩子交流说话的家长。”孩子不听话，一般情况下是家长在要求孩子的内容、方法上存在问题。尽管你说的、要求的都对，但可能在方式方法上缺乏科学性，也缺少爱心、耐心和细心，因此孩子肯定是不爱听的，也听不进去。这时我们就要多学学幼儿成长心理学，或者幼儿早期教育学，不断提高自己的教育水平。

说孩子好动不安静

孩子好动不安静，有其原因和纠正的办法。

（1）原因：这或许与家里长期的生活气氛和生活规律有关。生活中动静无序，动起来毫无节制，没完没了，没有时间观念，没有安静的时间。大人与孩子沟通交流时也不顾孩子在干什么，反正想干吗就干吗，没有考虑到是否会打扰到孩子。万一他正在专心做一件有意义的事，大人这么做势必会给他造成很大的干扰。此外，大人平时过于注意孩子，老想跟孩子唠叨些什么，不给孩子留出安静的时间，这样也会妨碍孩子安静习惯的养成。

（2）如何纠正：家里应该形成合理的、动静有序的生活规律。对于孩子已经不习惯的安静的家庭，应严加实行一段“全家静悄悄”的活动，直到孩子能收敛自己的行为。大人不要过分关注孩子，也不要随意打断或者干扰正在专心做事的孩子；不要老是跟孩子说些多余的话，而是应该多与孩子说些能引发其思考的话。尤其是孩子在自个玩耍时，大人最好不要打扰，让他自己安静地玩。此外，大人的行为举止也非常重要，可经常给孩子讲一些有趣的小故事，因为小故事里蕴含着大道理。大人可以给孩子一些适合他这个年龄段看的故事书，可以带着孩子一块去买故事书，但是回家后必须好好看，而且应该给孩子安排安静的看书时间。家里大部分时间要保持愉悦、平和的气氛，不能整天过于兴高采烈。家人应该多做些有意义的事情，不要老是做些无聊、消磨时间的事情。如果全家人都做到了，孩子肯定会成为老实、安静的好孩子。

说孩子太淘气

经常听到一些家长抱怨“孩子太淘气了”、“太难带了”，搞得全家人身心疲惫。其实，孩子调皮、淘气，这都是很正常的。如果孩子太老实、太安静了，估计大人会更加担心。正所谓过犹不及，要是淘气过度了，那就是个大麻烦，因为孩子已经失控了，这种情况就要严加管教了。孩子学会走路之后，会对周围的一切都充满好奇心，特别具有冒险精神，哪儿都想去，啥都想摸，什么都想看，结果就把家里搞得乱七八糟，这会让一些爱干净、喜整齐的家长心烦意乱，从而限制孩子的活动，还会大声训斥孩子。然而，这都是不对的，会影响孩子生理、心理的健康发育。其实，只要孩子的行为没有什么危险性，家长就睁只眼闭只眼吧。因为只有让孩子亲身感知这个世界，他们才能获得丰富的感性认识，这对孩子的成长具有积极的意义。

说孩子不爱学习

有些家长总喜欢拿自己的孩子跟别的孩子相比，如“你看老张家的孩子，才3岁多就能认识几百个汉字”，“老李家的孩子才上幼儿园就能背诵唐诗宋词了”，“老刘家的孩子还那么小就开始学英语，现在都认识上百个单词了”……但是一说到自己孩子，家长就开始摇头叹气：“我们家孩子除了玩，啥都不会，一点都不爱学习。”都说孩子的童年是金色的，那就应该让他们高高兴兴、无忧无虑、轻轻松松、痛痛快快地度过，而且6岁之前本来就不是学习的年龄，这一点相信大部分人都不会否认。既然孩子爱玩，那该玩什么，怎么玩，这里面就大有学问了。

早教的理念是“玩中学，学中玩”，因为最有趣的玩就是最好的学，最好的学就是最有趣的玩。要深刻理解这个早教的理念，悟出其中的真谛，就要想出玩（学）的内容、玩（学）的方法，从而达到玩（学）的目的。

正所谓“生活处处皆学问”，让孩子在玩耍中不知不觉、毫无压力地学到知识和增长见识，这才是真正的教育。要知道，孩子不是学大的，而是玩大的。我们作为家长的，不要老是埋怨孩子不爱学习，那是因为你没有开动脑筋想到解决办法，不会教育孩子。

说孩子天生笨

“哎，别提了，我家的孩子就不爱学习，天生就笨。”当一些家长聚在一起说起孩子的时候，总会听到这些不和谐的声音。其实，说孩子“天生笨”这句话可谓大错特错，因为每个孩子都是有无限可能的，都是最棒的。我们家长千万不要对表现达不到我们预期的孩子妄下结论，认为孩子笨，没有出息。一旦我们心里这么认为，就会给孩子传达出一个消极的暗示，孩子就会认为自己真的是很笨，所以爸爸妈妈都不喜欢自己。长期下去，孩子就会丧失进取心，随波逐流，将来真的就成为一个没有出息的人了。

说孩子自私

说孩子自私，其实是站在大人的角度来评判孩子的行为。小孩子根本就不知道自己的行为举止是自私的。因为孩子还很小，不懂得与人分享，只觉得喜欢的东西就理所当然归自己所有。作为家长，看到孩子自私的表现时千万不要流露出厌恶的表情，更不能大声训斥孩子，以免伤害了孩子幼小的心灵。相反，家长应该通过言传身教，让孩子在潜移默化中逐渐明白什么是大公无私，什么是热情好客，什么是助人为乐。除了家长的言传身教，在生活中还要注意以下几点：

（1）不要给孩子特殊的待遇。培养大公无私的精神首先要从家里人做起，特别是孩子最爱吃的东西不能让他独自享用，而是鼓励他和大家一起分享。当孩子将自己喜欢吃的东西分给大人时，大人应该和孩子一同分享，要是有的老人舍不得吃，也不要马上还给孩子，可以暂时存放起来，当然，要保证不变质。当孩子表现突出时，如孩子帮着家人干家务或者给大家展示才艺的时候，可以把孩子之前给的东西当作奖品奖励给孩子。久而久之，孩子就会明白好东西是应该和家人一起分享的。虽然有的家长心疼孩子，觉得于心不忍，但是为了让孩子不独食、不自私，这是必须要做的。

（2）学会互相交换。互相交换是让孩子学会与人公平交往的第一个内容，这样既避免了自私的产生，又避免了不爱动脑筋、不爱护自己物品的坏习惯的形成。那孩子能交换什么呢？可交换的东西多了去了，如好玩的玩具、好吃的东西等。和小朋友之间互相交换玩具，将自己觉得好吃的东西分给别的小朋友，这样一来，既有利于孩子之间建立友谊，也能培养孩子与人分享的好习惯。

（3）同情弱者。同情弱者的行为需要家长去引导，比如在街上看到有乞讨的人，大人可以让孩子拿点零钱去帮助他们；鼓励孩子将他多余的玩具或者好吃的东西送给那些家庭条件不好、生活有困难的小朋友。虽然这看似小事，但是在孩子心里从此就播下了助人为乐的种子。

（4）当孩子有自私的行为时，家长千万不要大声训斥，更不能流露出厌恶的表情，因为这会给孩子造成消极的心理暗示。但是也不能立马把孩子的不良表现给扭转过来。最正确的方法就是通过家长的言传身教，让孩子逐渐

明白并意识到自己的行为是不好的，渐渐地，孩子的自私行为就会得到纠正了。

说孩子逞强好斗

孩子逞强好斗、不肯吃亏、欺负弱小孩子的行为实在让人讨厌，但这绝非是带有目的性、攻击性的一种行为表现，而是不由自主、习惯性的个性行为。这种个性行为与遗传有关，就好比一个人的胆量和耐力与遗传不无关系一样。当我们看见孩子逞强好斗，有不友好的行为表现时应该这样：

（1）对于孩子的这种行为，大人不必大惊小怪，也无须暴跳如雷，而是应该表现出非常不喜欢的态度。孩子都是鬼机灵，一看苗头不对，渐渐就会收敛自己的行为。当家长发现自己的孩子对别的孩子存在不友善的举动时，应该找个借口把孩子拉走或者转移其注意力，而不要当面斥责孩子。

（2）对于自己的孩子欺负了别的孩子这种事，家长千万不能觉得占了便宜而心里沾沾自喜，更不能教育孩子要霸道些，为了将来不吃亏。如果真的这么做，反而害了孩子，让他分不清什么是对的，也听不进道理，更不懂得尊重别人，到时恐怕连父母的话都当耳边风了，只会我行我素。长此以往，孩子进入社会后将会寸步难行，四处树敌，没有朋友，郁闷终生。

（3）逞强好斗其实也算是人的一种个性，起初是没有好坏之分的。如果大人懂得教育和引导，那孩子将会成为一个伸张正义的英雄好汉，成为一个大家可以信赖、值得托付的人；如果引导不好，那就会耽误孩子的前程，而且后果将不堪设想，甚至会毁了孩子的一生。

说孩子胆小

孩子胆小怕事与遗传有很大关系。那如何能让孩子胆子大一些呢？我们应该注意以下几点：

（1）就算孩子胆小，家长心里也不该这么认为，不能当面说孩子胆小，更不要当着外人的面说，而是应该让孩子觉得自己一切都很正常，不是个胆小怕事的人。

（2）对于胆小的孩子，家长最好不要给他讲鬼神等离奇古怪吓人的故事，可以多跟孩子讲勇敢者的故事。

（3）让孩子练习抓、拿小动物。大人要先作出表率，而且要流露出很好玩、很有趣的表情。把小动物放在孩子面前让他先看，然后再让他摸一下，等孩子不怕了，就鼓励他拿来玩一玩。可以让孩子先接触小蝴蝶、小蚱蜢之类的昆虫，然后再去抓小蜥蜴、小猫之类的爬行动物，逐渐锻炼孩子的胆量。

（4）吃完晚饭后带孩子出去，可以在楼下的小区玩或者是在离家近的商场、超市里逛逛。一开始家长一定要陪伴左右，等孩子的胆子渐渐大了，可以允许孩子在晚饭后去别家小朋友那里串门，但是不能走得太远，而且回家的时间不能太晚。另外，家长可以让孩子去给邻居送东西、向邻居借东西或者干点别的事情，这样也可以锻炼孩子的胆量。

（5）如果孩子的行为或者所处的环境有危险状况发生时，大人一定要镇定，不要大呼小叫，更不要吓着孩子，而应该想办法尽快排除危险，让孩子能够继续其冒险行为，同时，孩子的胆量也在大人的有效呵护下锻炼出来了。

说孩子磨蹭

磨蹭几乎是所有孩子的通病，因为在孩子的头脑里还没有形成时间观念。所以我们对孩子实施的时间观念的训练不可忽视，这关系到孩子的行为、习惯乃至性格的形成。对孩子磨蹭行为的训练应该注意以下几点：

（1）对孩子的磨蹭行为不能总是唠叨，更不能大声训斥。你越是这样，就越是适得其反，因为孩子心里都会非常抵触，甚至会和大人对着干。

（2）3 岁前的孩子还没什么时间观念，磨蹭不磨蹭都是大人的责任。3

岁以后的孩子有点自己的想法了，可能会因为当前的某些事情耽误了，此时大人就要与孩子讲明白道理，然后帮他完成当前的事情，再带他去做别的事情。渐渐地，孩子就会形成自己的时间观念了。

（3）我们要想让孩子摆脱磨蹭，有时间观念，就应该制定具体的时间表。比如几点起床，起床花多长时间，洗脸刷牙花多长时间，吃早饭花多长时间，午饭时间多长，午休时间多长，学习时间多长，玩耍时间多长，晚上几点睡觉等。尽量督促孩子按照时间表来做，刚开始可能会有很多困难，但是坚持下去效果还是挺显著的，孩子渐渐就会形成自己的时间表了。

（4）时间表的制定一定要有一个弹性范围，好让孩子逐步适应。另外，对于大一点的孩子，时间表的制定最好能与孩子商量，允许孩子发表自己的意见，这样便于孩子严格要求自己，也培养了孩子遵守诺言的意识。

（5）对于孩子遵守时间的进步表现，大人要及时给予表扬与奖励，以促使孩子有更大的进步。

（6）对于经常不遵守时间、爱磨蹭的孩子，要设法让他尝尝磨蹭的后果。比如，爸爸妈妈告诉孩子要去一个很好玩的地方，定好出发的时间，如果孩子误了时间就不带他去了，让他在家和老人待着。出发的时间到了，如果孩子还在磨蹭，爸爸妈妈就说到做到，把他留在家里。如此反复几次，孩子为了出去玩，就会慢慢改掉爱磨蹭的坏毛病。

说孩子耍驴脾气

对于孩子耍驴脾气这个坏毛病，我们要科学分析，既不能限制孩子发火，也不能放纵不管，任由他的性子来。孩子毕竟是孩子，他还不可能像大人一样理智，因此遇到挫折或者不称心的事情，孩子发点火是很正常的。即使是大人，在不顺心、不愉快的时候也会想方设法或者找个适合的地方去宣泄，更何况是孩子呢。所以大人不能一见孩子耍点脾气、发点火就认为他任性。

这样长期下去，容易导致孩子在性格方面产生缺陷，如孩子会变得胆小、懦弱、拘谨、不敢保护自己，长大了也不具备勇敢、果断、敢作敢当的优良性格品质，更谈不上见义勇为、“路见不平，拔刀相助”的英雄气概。如果孩子确实有生气的理由，但你不让他发火，他憋在肚子里又觉得非常委屈，那他的心理成长也会出现偏差和扭曲。如果孩子从小委屈受多了，长大了将会以各种不恰当的方式爆发出来：如有的对父母感情淡漠，和父母没有话说；有的离家出走不想回家，逢年过节才象征性地回家看看父母；有的不孝敬父母，父母年迈了也不尽赡养的义务……这些都是由于家长在孩子小的时候对他们过于武断专横，伤了孩子的自尊心而造成的。

如果孩子肆无忌惮地耍驴脾气，家长却放任不管，那就更不成体统了。一旦孩子养成了这个坏习惯，那对他将来是百害无一利。发脾气本身就是一种不尊重他人的行为表现，只顾自己痛快，不管别人的感受，试想谁愿意与一个动不动就发脾气的人在一起共事呢？一个总爱发脾气的人，好比在自己身上绑了个炸药包，随时随地都有爆炸的危险，到时便会既“炸”了自己也害了别人。一个总爱发脾气的孩子长大步入社会后将寸步难行：他会成为一个不受欢迎的人，没有朋友，没有同事，最终成为所谓的“孤家寡人”。所以家长绝不能允许孩子肆无忌惮地乱发脾气，就是有理由发脾气也不能容许他不顾别人的感受而肆意发火。

如何对待耍驴脾气的孩子？首先我们要有一个坚定的信念：孩子发脾气、耍性子是完全可以掌控的。具体要注意以下几点：

（1）对待耍驴脾气的孩子，总的原则是要耐心教育，让孩子及时“灭火”。

（2）孩子一旦使性子，那也要看是大事还是小事，是原则性的还是次要的。若是原则性的问题，家长一定要严肃对待，绝不能纵容，如果是次要的就让孩子撒会野吧。

（3）对孩子使性子要掌握一个度，如果只是一般性地抒发内心的郁闷或

者不满情绪，家长可以不用怎么理会，但要是太过分了，就要稍加管教。而对于内向型的孩子使性子可以适当容许，但是对于外向活泼型的孩子使性子则要严加管控。

（4）不尊重老人、不礼貌待人、争吃独食……如果孩子在这些方面发火使性子，那是绝对不能容许的。

（5）如果有时候是因为老人做得不对，惹孩子生气了，可以允许孩子发发牢骚，但要告诉孩子不能肆无忌惮，要尊重老人。

（6）如果孩子因自己跟自己过不去而发脾气，大人不必过多干涉，只要稍微规劝一下就好了。

（7）如果孩子正在气头上，此时家长应该冷处理，千万不要和孩子硬讲道理，而要等孩子情绪稍微平复了，再动之以情，晓之以理。

总之，孩子耍性子既不是大事，也不是小事，家长要掌握好教育的分寸，要具体问题具体分析，并采取相对应的措施。

有句老话说得好：“三岁看大，七岁看老。”如果孩子小时候不注意教育，而是听之任之，让他养成许多不良的行为习惯，等孩子长大了，你会发现孩子身上一堆毛病，到时再想纠正就“为时已晚”了。要知道，问题孩子的问题不是孩子的问题，而是家长的问题。

如何对孩子实施早教

著名科学家达尔文非常重视对孩子的家庭教育和早期教育，并把它作为自己的研究课题进行探讨。他不管科研工作怎样繁忙，总是不放松对孩子的教育。后来，达尔文的5个长大成人的儿子中有3个成为名人：乔治是天文学家；弗朗西斯继承父亲的事业，成为与达尔文齐名的科学家；而霍勒斯则是物理学家，被选为美国皇家学会会员，还被破例封为爵士。

带着自己童年的遗憾，我如饥似渴地看了不少关于婴幼儿早教的书籍。2006年3月，小外孙出世了，我喜出望外，感到自己所学的知识终于有“用武之地”了。我暗下决心：一定不让小外孙再有遗憾的童年。

先给孩子起个名字吧。现在不少家长在孩子的起名上可是煞费苦心，不仅全家总动员，甚至还不惜血本请社会名人或者所谓的大师来给孩子起名。其目的无非就是希望孩子将来可以健康平安，读书聪明伶俐，事业飞黄腾达。我早已给小外孙想好了一个名字，叫“博文”，初衷是希望他将来知识渊博，才华横溢。后来孩子的爸妈还是不太满意，花了几百元找大师给起了个名字，叫“一博”，据说这个名字将来可能会有些官运。既然大名已定，那我起的“博文”就唤作小名吧。后来，小外孙学了外语之后，还给自己起了个

“Pololo”的英文名。

实施早期教育之前，我很认真地学习了早教理论，深刻领会了早教的内容和理念，制定了总的教育方针，然后再根据实际情况，如孩子的年龄、活动的环境和接受程度等来设计早教的内容，并随时进行调整，让孩子在快乐、轻松、充实中学习。在与小外孙共同生活的每一天里，我都努力让他感受到是玩耍而不是学习。在我们朝夕相处的六年多时光里，值得回顾的内容有很多，有生理成长方面的，也有心理成长方面的，我只能按我施教的顺序、教育的内容和方法以及需要注意的地方，有所侧重地向大家介绍。

 告诉女儿胎教知识

在我女儿怀孕期间，我已自学完了早期教育的有关知识，知道早教始于胎教，而胎教包括间接胎教和直接胎教。间接胎教，包括营养胎教（母亲吃的营养间接输送给胎儿吸收）、情绪胎教（母亲的情绪，如愉悦、忧伤、轻松、压抑等情绪都会间接影响到胎儿）和避免对孕妇的不良刺激（如母亲感冒、抽烟、闻一些刺激性的味道等）。直接胎教，包括音乐胎教、运动胎教等。我将所学到的知识用书信或打电话的方式告诉了女儿（因我女儿当时在广东工业大学华立学院当老师，而我在内蒙古包头市）。只是她重视了多少，我不太清楚。听说吃核桃对孕妇和孩子有好处，能健脑益智，我老伴便没少给女儿邮寄核桃。还记得我小外孙刚生下来被护士推出产房时，我上前看他，只见他小眼微微睁开，小嘴一咧冲我笑，我当时高兴得手舞足蹈。回到病房，我仔细端详了这个小外孙：白胖胖的小脸蛋，红嘟嘟的小嘴，乌黑黑的头发，特别招人喜爱。

为了对小博文实施系统、科学的早期教育，也为了不断积累早教经验，我从孩子出生起就开始给他写成长日记，记录他的点滴生活和成长足迹。待小外孙到了上小学的年龄，我已经给他记录了15本日记。这些日记是我这六

年多的心血，也算是姥爷送给小外孙最好的礼物。

每当我翻开孩子的成长日记，当时的情景就会立刻浮现在眼前。我觉得，要想实施好早教，很关键的一点就是家长必须要有足够的爱心和耐心，用心去观察、分析和总结孩子的一言一行，认真记录孩子成长的点点滴滴，因为每个孩子的成长经历都是独一无二的。

早期按摩被动保健操

早期按摩被动保健操可以促进孩子五官的生理发育，使其发育得更好。汉字“聪明”二字，其中“聪”字的组成里有“耳朵”、“眼睛”、“嘴巴”和“心”，意思就是说，一个人的聪明表现在耳朵、眼睛、嘴巴和心灵上，只有这几个器官发育好了，这个孩子才具备聪明的前提条件；而“明”字，则有代表白天和晚上的意思，白天聪明，晚上也不糊涂，所以按摩保健操一天需要做两次：上午一次，晚上睡觉前再做一次。

这套操我从小外孙满月时就开始给他做，一开始是由他妈妈来做，后来女儿产假结束回广州上班了，就由我接着给孩子按摩。

按摩的顺序是：抚摸脸面—搓鼻梁—捋眼眶—揉太阳穴—揪下耳郭—揪上耳郭—抠抠耳朵眼—挠挠头皮—敲敲头皮—抚摸下巴颏—抚摸小肩膀—抚摸小胳膊—活动小胳膊—抚摸两小手—揪揪小指头—揉揉小肚皮—按摩两小腿—蹬蹬自行车（一只手抓一个小脚丫）—拽压两小腿—按摩小脚丫—揪揪脚指头—抚摸小后背（将孩子侧过身子）—拍拍小后背—横托抱、举、悠孩子（训练孩子前庭的平衡能力）。全套操每天早晚各做一次，每次需要20～30分钟。

这套按摩保健操有以下注意事项：

（1）全套动作一定要轻柔，孩子越小越要注意。轻按、轻揉、轻捏、轻拉、轻拽、轻压、轻拍、轻搓。

（2）边做边与孩子说话，大人的表情一定要愉悦，面带微笑，好像在跟孩子玩耍。说话最好是标准的普通话，不要说儿语，比如“摸头头”、“摸手手”、“摸眼眼”、“揉肚肚”、“拽腿腿”等。

（3）按摩时大人要轻轻数着节拍做，这样有利于锻炼孩子的听力。要以二八拍为最低节拍，可视孩子的年龄再多一些节拍。

（4）早上做操，最好在孩子未吃东西之前。但不要孩子一睡醒就做，应先与孩子说会儿话，待其状态兴奋起来再做。

（5）最好从孩子满月以后就开始做，一直做到宝宝自己不让做为止。但有些部位还是可以坚持做下去，如手、脚、颈、前胸、后背等。

（6）给孩子做操之前要先把手洗净，手要搓暖和。天气冷时要给孩子穿着衣服做。

我就是这么一直坚持给小外孙做按摩保健操的。效果也挺明显的：小家伙的五官显得特别有灵气，身体显得特别灵活，状态也显得特别精神。抱着他外出活动时，人人见了都夸：小家伙怎么显得这么聪明、机灵，看哪都顺溜。

早期五官发育的训练

训练五官的目的是让孩子能更好地通过五官感知世界、认识世界。五官是孩子来到这个陌生的世界，在没有思维的前提下，认识世界的唯一途径。只有五官灵敏，反应迅速，孩子才能更好地感知世界、认识世界。

1. 视觉训练

人们常说“眼睛是心灵的窗户”。眼睛同样也是婴幼儿认识世界、感知世界的第一重要器官。看一个孩子机灵不机灵主要是看他的眼神，是目光呆滞，还是炯炯有神。对孩子进行视觉训练非常重要，是五官训练的第一要务。

从小外孙睁开眼睛看世界那一刻开始，我就给他准备了一些丰富多彩、色泽鲜艳的图案。为此，我做了许多A4纸大小的卡片，卡片上画有色彩各异的图案，或者用各色彩纸剪出各种图案贴在白纸上。图案有圆形、三角形、正方形、长方形，还有鸡蛋形。之所以让孩子看图形，主要是为了让孩子能识别颜色，我剪裁的图案，颜色以红色、绿色、蓝色、橙色为主，此外，还有各种各样的风景图，以及各种面部表情欢快、有趣的木偶玩具和小动物玩具。当孩子能被竖着抱起来时，我便经常抱着孩子到外面转悠，就算孩子还不懂得分辨，我也煞有介事地告诉他这是花，那是树，前面是楼房，后面是广场……

经过一番训练，孩子到了七八个月大时就显得很不一样了。两眼珠子滴溜溜的显得特别机灵，感觉好像啥都懂似的。

除了让孩子多看多接触，待他稍大一点，我还对他进行了以下训练：

（1）明暗训练。在明亮的灯光下，我抱着孩子突然将灯熄灭，屋里立刻一片漆黑，片刻后我又把灯打开，这样反复训练可以锻炼孩子的眼睛瞳孔缩小与扩大的功能，练出鹰一样的眼睛。（这个训练需要大人抱着孩子，以防孩子害怕）

（2）看色彩训练。这个训练能锻炼孩子辨别色彩的能力，将来对画画有好处。开始时只要让孩子多看各种颜色就可以了，等孩子稍大点能认字了，这个时候再配合认字一起进行游戏训练，可以用色找字，或者用字找色。

（3）物移训练。将物品放在孩子眼前，然后进行各个方位的移动，如上下、左右、远近或者转圈等。这个训练能锻炼孩子眼睛的视觉成像功能，让眼球转动更加灵活。

（4）看“大小”训练。同一个图案，一个画得很大，另一个画得很小，让孩子来看。这个训练可以锻炼孩子的专注力和辨别力。

（5）看字训练。在卡片上用各种颜色的彩笔写上简单的汉子和阿拉伯数

字，给孩子看，为认字作准备。

在对孩子进行视觉训练的过程中，有以下注意事项：

（1）初期看卡片时，应注意卡片与眼睛的视距。不要太近也不能太远，太近不利于孩子眼睛的发育，太远孩子还看不到，一般来说，30 厘米的距离最为适合。

（2）给还要抱在怀里的孩子看卡片时，大人要拿着给他看，等孩子能够坐着时，大人可以与孩子共同拿着一起看。

（3）孩子在看东西时，大人要及时给予指导和解释。手要指着物体，介绍的话语要简单明了，有趣味性。比如看到汽车，你可以绘声绘色地描述汽车行驶的样子；看到小狗，你可以学着“汪汪汪”叫上几声；看到火车，你就来个火车启动时的鸣笛声。

（4）不管让孩子看什么东西，都要注意劳逸结合，不能让孩子持续太长时间，以免孩子过度兴奋，影响睡眠。

（5）带孩子到街上溜达时，可看的东西就更多了，孩子会兴趣盎然。不管孩子懂不懂，大人一定要注意不时告诉孩子这是什么，那是什么。

2. 听力训练

耳朵的训练仅次于眼睛，要让孩子多听音乐，并多给孩子讲故事。最简单省事的就是买个小收音机，如调到“音乐之声”频道，里面会有各式各样的音乐，儿歌、流行歌，中文歌、外文歌，粤语歌、国语歌等。不管是在家里还是外出，小收音机都可以伴随着孩子，孩子可以随时随地听到音乐。当然，如果想有针对性的话，大人可以给孩子买个点读机或者早教机，里面不仅收录了小朋友喜欢的各种儿歌，还有各种启蒙故事、诗歌、英文对话等，每天都可以放来给孩子听。至于讲故事，点读机或者早教机也可以代劳，但是最好还是大人亲自给孩子讲故事，这样可以增进亲子关系，比如给孩子讲睡前故事。有的家长抱怨孩子调皮，会把书弄坏，那可以等孩子稍微大一点，比如两岁以后再进行，还有就是可以买孩子撕不坏的布书或者其他材质做的故事书。

其实听力训练可以随时随地进行，因为我们所生活的环境一点都不缺乏声音的刺激，我们需要做的，就是及时告诉孩子这些分别是什么声音，让孩子在感性认识的基础上有一个理性的认识。

3. 嗅觉训练

让孩子闻各种气味，家里的，外面的，只要不是有毒、刺激性的气味，大人都可以放心地让孩子尝试一下，并告诉他这是什么气味，那是什么气味。慢慢地，孩子就会自己分辨了，在还没看到实物时，他就会很高兴地告诉你这是什么了。

4. 味觉训练

孩子不仅嗅觉敏锐，味觉也很灵敏。我们常说的“酸、甜、苦、辣”这几种最常见的味道，可以适当让孩子品尝一下。方法是用筷子或者小勺子蘸上一点，然后在孩子的舌尖点一下，接着再告诉他这是什么味道，孩子的脸部表情也会随之不一样了。我们都知道，孩子可以吃辅食以后，对许多吃的东西，尤其是我们大人吃的东西都很感兴趣，经常可以看到这种情景：大人在吃东西，孩子眼巴巴地看着，有时还舔舔嘴。其实，除了很难下咽、很硬或者味道不太好的东西之外，我们大人吃的东西都可以尽可能让孩子尝尝，然后告诉孩子这是什么。要是孩子喜欢吃，就再给他一些。但不管吃什么，除了正餐，其他的东西，就算是孩子很喜欢吃的，也要适可而止。如果孩子因此养成爱吃乱七八糟的东西的坏毛病，渐渐地丧失吃饭的兴趣和胃口，那岂不是得不偿失?

5. 触觉器官训练

触觉器官包括手指、脚趾及全身的皮肤。我们常说“十指连心”，因此手指的触觉训练最为关键。我是这样对孩子进行触觉训练的：

（1）经常搂抱孩子，不仅会让孩子感到特别舒服、有安全感，也能增进亲子感情。

（2）经常用温度适中的冷、热毛巾给孩子擦拭全身。夏天温度太高时，可以适当洗洗冷水澡，这样可以增强孩子的体质、防止感冒。

（3）让孩子的手、脚经常触摸软（如海绵、棉花等）、硬、粗糙（如砂纸）、光滑（如香皂）等不同的物品，以提高孩子的触觉灵敏度。

（4）同时训练孩子的左右手，使其能进行握、拿、抓、拧、拍、捏、挠、推、拉、取、抠等动作，这也是训练精细动作技能的内容。

早期动作技能的训练

“生命在于运动”，婴幼儿的运动技能训练也很重要，它影响着婴幼儿的生理发育和智力发展。运动技能的训练能使人脑有关部位的神经联系更加复杂、准确、协调，从而使人的动作更加灵活、准确。所以，动作技能的训练是婴幼儿大脑成熟的催化剂。美国心理学家克罗韦就曾说过：运动是智力大厦的砖瓦。

早期动作技能的训练可分大动作技能的训练和精细动作技能的训练。

1. 大动作技能的训练

（1）从整体动作到分解动作。最初的动作常常是全身的、笼统的，之后才逐渐形成局部、准确的动作。

（2）从上部动作到下部动作。首先出现的动作是抬头，其后才逐步发展到俯、撑、翻身、坐、爬、站立、行走、跑、跳。

（3）从大肌肉动作到小肌肉动作。首先是颈部肌肉动作、躯体肌肉动作、双臂肌肉动作、双腿肌肉动作，然后才是灵巧的手部小肌肉动作以及准确的视觉与动作的肌肉相协调等。

所以训练的内容包括：抬头、支撑、翻身、爬行、坐姿、行走、跑步、跳跃、攀登、平衡、投掷、球类等。具体项目有：抬头训练，双臂、单臂支撑训练，翻身训练，爬行训练，坐姿训练，行走训练，翻滚训练，跑步训练，跳跃训练，攀登训练，平衡训练，投掷训练，拍打训练，骑车训练，游泳训练，球类训练。

2. 精细动作技能的训练

精细动作的发展主要体现在手指、手掌、手腕等部位的活动能力。我们常用“心灵手巧”来形容一个人心思灵敏、手艺巧妙。可见，良好的操作能力能够体现一个人技能的基本素质，是学习特殊技能的前提条件。精细动作的发展顺序是从满手抓握到用拇指与其他四指对用，再到食指与拇指对用，这代表着婴幼儿大脑神经、骨骼肌肉、感觉系统的成熟程度。

手是人进行活动的主要器官，也是人认识事物的重要器官。经常训练婴幼儿的手指动作，可以加速其大脑的发展。手和手指精细、灵巧的动作，手的关节、肌肉、韧带、手指皮肤的触觉都为大脑提供了丰富的内源性信息，由此能把大脑神经中的某些创造性区域激发起来，使大脑的神经突触连接得更加复杂而合理，从而促进大脑思维的发展。常规的教育开发，只注意到开发其中的一部分功能，其中腕部、中指、无名指、小指，尤其是无名指的功能还有很大的空间，有待于进一步开发。

婴幼儿两手的动作发展程度，标志着人的大脑神经、骨骼肌肉和感觉系统的成熟程度。所以手功能的训练就显得非常重要。具体训练如下：

（1）手的按摩（按摩操已介绍了）。

（2）手技能的训练包括训练手的摸、拿、握、敲、捏、取、撕、揭、贴、提、拧、挠、推、拉、掐、摆、盖、揪、拼、放、翻、抱、捆、绑、打、拍、抠以及换手、搬东西、抬东西等近百种动作。以上动词的训练内容和训练道具就不一一举例说明了。

（3）手眼协调的训练：穿珠子、折纸、涂鸦、捡物、捆绑、用勺子、钓小鱼、扔圈圈、学剪纸、穿针引线等（后面这两个项目视孩子的发育情况进行，大人千万要看着孩子做）。

早期交往能力的训练

交往对孩子的成长、个性的形成和发展具有特殊意义。美国心理学家卡耐基认为：一个人的成功30%靠才能，70%靠人际关系。一个人的个性总是在特定的社会环境下，通过与他人的交往逐步形成的。孩子兴趣的培养、情绪和能力的发展都离不开交往。正是交往，才使孩子有了更多的学习各种知识并获得社会经验的机会。在与他人交往的过程中，孩子能逐渐理解和掌握道德行为规范、社会价值观念，学会认识别人和评价自己，渐渐地形成自己不同于他人的意识倾向、心理特点和个性品质。

我是这样培养小外孙的交往能力的：

（1）经常带孩子去户外活动，主要是去公园、植物园这些环境好、空气清新的地方。此外，还可以不时带孩子去逛超市或自由市场，既可以给孩子买些他喜欢的东西，又可以从小培养孩子的人际交往能力。一个活泼开朗、乐于与人交往的孩子，多是容易受到同伴的欢迎和成人喜爱的，而且容易适应新环境。

（2）让孩子多与热情的陌生人接触，比如同一小区的叔叔阿姨或者是老人，要是他们喜欢孩子，而且态度和蔼，可以让他们多和孩子亲近，抱抱孩子，也让孩子慢慢接纳他们。对于孩子的亲人，如姑姑、舅舅、姨妈等，最好也不要强行抱孩子，要让孩子有个适应的过程。

（3）不要反复让孩子叫叔叔、阿姨、爷爷、奶奶等，只要告诉他一两遍就可以了，孩子会记住的。经过一段时间的熟悉，孩子如果主动叫人，且表现良好，大人要及时给予表扬和称赞；如果孩子还是害怕不敢开口，也不要责骂，尤其是当着外人的面，而是要多给予鼓励。

（4）和孩子接触的成年人或大孩子千万不要老是吓唬、哄骗或取笑小孩子，更不要教孩子说脏话、粗话，那样会使孩子变得胆小、怕事，或者变得放肆、不懂礼貌等。

（5）大人每次带孩子出门，遇到熟人，如朋友或同事，应主动问好，并使用礼貌用语，这样会给孩子起到很好的榜样作用。

（6）对于街坊邻居，除了告诉孩子见面要主动有礼貌地问好之外，还要鼓励孩子多去串门，最好还给他布置点小任务，如借个碗碟或者送点水果之类的，这种事情在孩子三岁左右就可以训练了。对孩子表现好的要给予表扬和鼓励，这样既让孩子学会了与人交往，也锻炼了孩子的办事能力，而且会让孩子更乐意去做。

（7）将孩子视为家庭成员一分子，让他参与家里的迎来送往。接待客人要热情周到，端茶倒水，有水果拿水果，有点心上点心。告诉孩子，对客人的提问，要有礼貌地回答，不急不躁，有耐心。对孩子的出色表现，也让客人给予称赞、表扬。

（8）让孩子学会与小朋友相处。孩子之间的相处看似小事，其实不然。孩子“在家是老虎，出门变绵羊”的情况并不少见。对此，家长也不要操之过急，而是要循循善诱，带领孩子多参加集体活动，让他多认识大朋友、小朋友。闲暇时刻，可以让孩子多和小朋友出去游玩，这样既沟通了朋友之间的情感，也让孩子学会了很多与人相处的方法；既放松了心情，又潜移默化

地熏陶了孩子的性情，何乐而不为呢？

（9）当孩子主动融入小朋友群以后，刚开始大人也不能马上离开，而要始终在孩子的视线范围之内，让他有安全感。等孩子的畏惧心理渐渐消除之后，再慢慢远离。因为每个孩子的个性不同，大人不能放任自流，而要时刻观察孩子，同时也防止小朋友之间出现无意识的危险动作而造成伤害。

（10）鼓励孩子和小朋友一起摸爬滚打，只要没有什么危险，大人就不要过多干涉孩子之间的玩耍，但是也要在一旁随时留意，防止意外发生。

（11）对有攻击行为的孩子，无论是自己的还是别人家的，大人都要十分注意。但是不要大声训斥孩子，以免激化孩子的行为。最好的做法就是冷处理，发现孩子不对劲，就拉他离开或者转移他的注意力，等孩子情绪平复了，再告诉他要和别的小朋友友好相处。

（12）经常告诉孩子要将自己好吃的东西与别的小朋友一起分享，把东西给别人的时候要说礼貌用语。

（13）鼓励孩子和别的小朋友互换玩具。孩子与他人交换玩具与“学会分享”有关，因为懂得分享是一种优秀品质。同时要提醒孩子对交换来的玩具要爱护，别弄坏了，这一点很重要。如果小朋友之间的玩具出现价值不对等的时候，比如说你的孩子将自己的一辆价格昂贵的车模和别的小朋友交换，结果换回来一个很小的廉价而劣质的奥特曼玩具，车模被小朋友拿到家里玩坏了，但是你的孩子好像也不沮丧，一副无所谓的样子。这时大人千万不要过于斤斤计较，因为在孩子心里还没有价值意识。不过，你可以借此给孩子进行消费启蒙了。让孩子认识钱币，知道钱是劳动所得，知道感谢父母的辛勤劳动，知道物品有价、情义无价，知道等价交换、量入为出。假如你的孩子有了价值意识，并且懂得感恩，懂得珍惜，懂得与人分享，你一定会感到很欣慰。

（14）告诉与孩子交往的大人，不要考验孩子。比如，当你看到孩子手

里有好吃的，就喜欢逗孩子并跟他要，当孩子给你时你却又不要，这样久而久之，孩子就会形成一种虚伪的心理，认为反正大人不会要的，要了也会还给我的。而一旦东西被拿走，孩子就会很伤心，哇哇大哭。家长要这样教育孩子：别人要就要大大方方地给，学会与人分享。另外也要告诉对方，孩子给，就要拿着，不要觉得不好意思或者不忍心，因为那样更会伤害孩子。

每个孩子都有自己的个性特点。培养孩子的交往能力，要因材施教，千万不可一个模式强来，因为“强扭的瓜不甜”，硬来容易挫伤孩子的自尊心和与人交往的积极性。

早期认知、感知能力的训练

通过对小外孙实施早期教育，我明白了0～3岁是婴幼儿广泛培养认知素质的阶段，也就是物品与名词的认识阶段；3～6岁是培养感知、感悟素质的阶段，也就是理解阶段。当然，这里还只是最简单的感悟理解。我就是本着这样的教育理念来培养训练小外孙的认知、感知能力的。认知、感知的训练是认字的前提，为认字作铺垫。

早期培养孩子的认知能力非常重要，它可以增加孩子的知识面，拓宽孩子的视野，为孩子将来成为一个聪明、高素质的人打下坚实的知识基础。培养孩子的认知、感知能力可以用六个字来概括：多看、多说、多听。在训练孩子视觉能力时主要是为孩子多指、多看，训练孩子认知、感知能力就要加入多说、多听。即不要让孩子的眼睛、耳朵闲着，而应让他多看、多听，同时你的嘴巴也不能闲着，要与孩子多说话。从小外孙睁开眼睛看世界的那一刻开始，我就忙得不亦乐乎，不断告诉他这是什么、那是什么。孩子一岁多的时候，我每天都骑着自行车带他上街玩。当时增城市正在进行市容建设，因此到处都在施工，随处可见各种施工机械，什么推土机、挖掘机、装载机、搅拌机、大吊车、大塔吊、大拖车、翻斗车，还有挖掘地面用的凿岩机以及

小型运输拖拉机等。小外孙看得可高兴了，对路上各式各样的车辆特别感兴趣，乐得手舞足蹈。

记得有一本畅销书叫《如何说孩子才会听，怎么听孩子才肯说》，里面讲述了大人该如何说，孩子才会听而不排斥。其实，每个人都有自己教育孩子的方法，可谓仁者见仁，智者见智。我个人觉得，这个会不会说在很大程度上也取决于“老师”的水平。不要怕孩子爱不爱听，而要看“老师”爱不爱说，会不会教。当然，在教的时候应该注意以下几点：

（1）先从孩子喜欢的物品做起，告诉他这是什么，那是什么。

（2）观察孩子平时爱看什么，如发现孩子正在注意某个物品，家长应马上告诉他这是什么，那是什么。

（3）先告诉孩子大件的、明显的东西，再说小件的东西。

（4）玩具、用具一起教。不管孩子是不是喜欢或者明白，只要他注意了就行。

（5）告诉孩子这是什么东西时要用手指指着说，如果是没有危险的，还可以让孩子亲手摸一摸，拿一下。

（6）说过的东西最好重复多次，以加深孩子的印象。

（7）先从认识家里的东西开始，再到外面的。如床上的、地上的、卧室的、客厅的、厨房的、厕所的等。

（8）孩子年龄大一点了，最好经常带他到外面去走走、看看，告诉孩子这是什么汽车，那是什么建筑，近处是什么商场，远处是什么广场等。

（9）不管孩子是否注意到的，家长都应该积极告诉他是什么。

（10）一定要注意孩子的情绪。当孩子哭闹、发脾气或者犯困时，最需要做的就是安抚和哄他睡觉。孩子的认知教育一定要在他精神抖擞、情绪饱满时进行。

当孩子到了3岁以后，他的口头表达能力会有很大提高，大多数孩子能用简单的话语来表达自己的想法。这时，孩子会对很多现象感兴趣，也会向大人提出很多的问题。如汽车为什么会跑？霓虹灯为什么会闪动？救护车为什么叫？天上为什么会下雨？为什么会打雷、闪电？……大人一定要尽量扩大自己的知识面，对孩子所提的问题要用他能听得明白的话来解释。记得小外孙问我："姥爷，天上为什么会下雨？"我就说："天上有乌云了，乌云是下雨的征兆，乌云多了，在天上待不住，就要下雨了。"虽然我说的可能不够科学，孩子也理解不了，但他起码知道了有乌云就有可能下雨这一自然现象。

以上是我培养小外孙认知能力的经验和方法总结。在实施早教的过程中，我始终坚持以下的育儿宗旨：教者有心，学者无意；实际出发，因人施教；生活中教，游戏中学；学玩结合，兴趣第一；环境濡染，榜样诱导；不管结果，只管耕耘；积极暗示，注重鼓励；过程第一，结果第二；要教育爱，严禁溺爱；讲究爱态，控制情绪；指导行为，培养习惯；细心观察，发展趋势；生理心理，都要关注；全家合作，沟通思想；持之以恒，共创佳作。

如何教孩子识字阅读

对于“婴幼儿该不该识字”这个问题，专家和社会各有各的声音，说法不一。但随着大家认识的提高，现在很多父母从小都开始教孩子识字和培养孩子早期阅读。识字有没有必要我们暂且不论，但对孩子早期阅读的培养在中国乃至世界都得到了广泛的认可，现在有很多公立幼儿园大多已开始婴幼儿早期阅读兴趣与能力的培养。其实，一个在早期学会阅读的孩子，终其一生都会获益，好处无穷。

我对小外孙进行早教最主要也最成功的就是识字、阅读，其次是进行数学和英语的启蒙。不过，后者之所以能顺利进行，都是建立在识字阅读基础之上的。

小孩子一开始并不懂什么是文字，更不用说阅读了。对他来说，反正什么好玩就玩什么，什么好看就看什么，你教他学啥他就学啥。

教小外孙识字只是“万里长征第一步”，大量的工作还在后头呢。下面，我将自己教小外孙识字的顺序及识字的内容和大家分享一下。

1. 称谓识字

称谓识字是教孩子认字的第一步，先认家里常见的亲人，然后认亲戚朋友。

2. 名词识字

（1）名词识字时，先从眼前的物品开始，从大的物品开始，从孩子经常注意、使用的物品开始，然后再进入更广泛的物品名词学习。

（2）将物品的名称都写在硬纸片上，做成识字卡片。字要写得大一些，书写要规范。字最好用彩笔写，并经常变换字体的颜色，颜色以红、黑、绿、蓝为主，不要用黄色，因为黄色与白纸对比不鲜明，不易辨认。在识字卡的右下角最好用铅笔画出这个物品的简单图案，以吸引孩子的注意力。

（3）识字卡要保存好，并不时拿出来让孩子辨认。

（4）在家里某个地方（最好是卧室的墙上），做一个可以插字卡的字卡板，可以随时更换识字卡片。无论哪种类型的文字都可以利用这块板进行识字练习，直到进行短句识字练习时就可以不再使用字卡板了。如提醒宝宝洗手吃饭的短句就不需要使用这块板了，而是改用字条，字条上的字要用粗笔或者毛笔来写。

（5）与孩子一起做识字游戏。孩子根据大人的要求去取识字卡，这个游戏是在孩子会走路并能走得平稳后进行。当孩子拿对识字卡时，家人要用热烈的掌声给予鼓励。跟孩子做等价交换的识字游戏，如孩子想要某个玩具，那就必须拿这个玩具的识字卡过来，用以交换；如果是某种好吃的，同样也要求孩子把这个食品的识字卡取下来。大人可以根据自己手里所拿的东西对孩子说其价值的高低，以相应地提高自己的筹码，趁机让孩子多认识几个字，不过也要适可而止，不能太多，以免挫伤孩子的识字积极性。

3. 人体器官识字

在孩子逐渐长大，并能听懂大人的讲话后，人体器官识字的游戏就可以开始了。要是能配上几个人体器官的图案，孩子认识起来就更加方便了。先将人体的主要部位做成识字卡并放在字卡板上，同时平时要经常告诉孩子人体的各个部位，如手、眼睛、鼻子、嘴巴、耳朵、头发、眉毛、脚丫、脑袋、脖子、肚子、牙齿（要是孩子还没长牙，大人可以指着自己的牙齿说）等部位分别在哪里。待孩子有了感性认识，再让他进行人体识字的学习，这样孩子很容易就能学会了。

比如，大人问孩子眼睛在哪里呀，让孩子用手指着自己的眼睛；问耳朵在哪里啊，让孩子用手指着自己的耳朵……或者大人拿着孩子的小手轻轻地打拍子，然后问孩子耳朵、眼睛、头发、鼻子、嘴巴分别在哪里，每问一个部位就让孩子指出相应的部位，如果孩子指对了，就亲亲他的小手，要是指不对，就刮刮他的鼻子，以增加识字的趣味性。孩子会玩得非常开心，此时你再拿出识字卡，让他指出自己相应的部位。这个游戏其实非常好玩，孩子会玩得很开心，同时也很快把人体五官的汉字记住了。随着孩子年龄的增加，可以逐渐将看不见的人体部位，如心、肝、肺、小肠、阑尾等逐一告诉孩子。这样孩子不仅认识了字，还简单了解了人体的构造。

4. 表情识字

随着孩子表情的丰富，可让其及时学认表情文字。先将最常用的表情写在识字卡上，如笑、哭、生气、严肃、兴奋等。大人应该自己先流露出表情，然后同时拿起相应的识字卡，让孩子对各类表情有一个直观、感性的认识，这样他会很容易记住这些表情，同时也学会了对应的文字。孩子在熟悉了所有的表情和相对应的汉字之后，当你拿起其中任何一个“笑”的识字卡时，孩子会立马作出哈哈大笑的表情；当你拿起一个“生气”的表情识字卡时，孩子就会装出生气的样子，让你哭笑不得。这个游戏非常好玩，不仅加深了大人和孩子之间的情感交流，同时也增添了家庭生活的快乐气氛。

5．动作识字

动作识字的内容也很有趣，让大人小孩都乐在其中。

（1）动作有大动作、小动作。爬、滚、翻、跳是大动作；拿、抓、捏、撕、抠、打、摸、揪、取、掐等是小动作。结合这些字与孩子一起做各种游戏，可以利用这些动作的动词让孩子学习与这些动词相关联的名词、副词等。如爬、快点爬、爬过去、爬过来，滚、打一个滚，翻、翻跟头等。这些动作都要写在一个小一点的字条上，大人举着字条，让孩子看到后做出相应的动作；或者让孩子举着字条，让爸爸妈妈做动作。这些都是很有意思的游戏，孩子也会很快记住与动作相对应的字。

（2）学精细动作词汇时同样可以通过游戏的方式，不过内容就更丰富了，如撕碎废纸或将废纸撕成条条，抠出来、取出来、揪头发、打小鼓、捡起小棍、拿起小凳子等。用这些动词要求孩子去做相应的动作，只要孩子感兴趣，且兴致勃勃，家长就可以和孩子尽情玩这个游戏。

6．语句识字

语句识字是在孩子有了一定的识字量和兴趣后开始的较为复杂的识字游戏。不要以为话只是嘴上说的，与文字没有关系。实际上，话就是由文字组成的，即使没念过书不识字的老太太，她嘴里说出的话也都是由文字组成的。

（1）先将日常生活中让孩子做的事情，简要地写在纸条上，让孩子看完后再照着去做。如洗手，你让孩子在洗手前先看一下“洗手”二字，然后再去做，几次下来孩子就认识“洗手”二字了。

（2）逐步加长句子。还是以“洗手”为例。洗手，吃饭前洗手，小手脏了吃饭前要洗手，小手脏了不能吃饭所以要去洗手……从简短到复杂，这样孩子就能逐渐学会长句的表达了。

小孩子对这种认字法会很感兴趣，孩子感兴趣了，学习劲头就会很足，就会主动去学习更多的汉字和句子。

7. 电视识字

小孩都喜欢看电视，特别是动画片，这是他们主要的娱乐方式之一。但是不少家长都不让孩子看电视，担心孩子电视看多了容易导致近视。其实，凡事都有两面性，所谓过犹不及，适当让孩子看点电视，可以让他们从中学到很多知识，也丰富了孩子的生活，但关键的一点是，看电视的时间要控制好，时间太长容易伤害眼睛，时间太短了孩子会觉得不过瘾。

我们一家人都爱看电视，吃饭时必看的电视节目就是《新闻联播》。看新闻能了解国家大事和世界各地发生的重大新闻。我发现小外孙每次看电视都非常专注，脸上的表情也随着电视节目的变化而变化。比如看到哪里有地震、刮台风或是发生洪涝灾害，他就眉头紧锁，嘴里还小声嘀咕着什么；要是看到《动物世界》之类的节目，他就非常兴奋，还不时跟我说“姥爷快看，那个狮子在捉斑马呢”……为了丰富孩子的生活，我还引导他看各种类型的电视节目，如《焦点访谈》、《新闻 30 分》、《人与自然》，当然还有小朋友都喜欢的动画节目。

此外，小外孙还特别爱看广告，尤其喜欢学说广告中的台词。记得孩子 5 岁的时候，有一次他姥姥在炒菜，他立刻就装作很陶醉的样子，学着某个广告中的台词：“唔，真香，真好吃，我都吃了二十多年了，味道还是这么地道。”孩子的模样让我们都忍不住笑起来。

通过看电视，小外孙收获蛮大的，他知道了中国，认识了中国的版图形状，还知道中国有多少个省、自治区和直辖市以及它们的省名和省会城市名，当然这都得益于看新闻之后的天气预报。记得孩子知道北京是中国的首都，知道那里有天安门广场、人民英雄纪念碑后，就老是嚷嚷着要我带他去北京看看。其实2007年，孩子还不到1岁时就去过北京了，不过他那时还小，根本不可能有什么印象。我想等孩子再长大一些，就带他到祖国的东西南北去走走，让他看看我们祖国的大好河山。

总之，电视是个好东西。我在教育孩子时离不开电视，孩子也离不开电视。不过，在看电视节目时要注意以下几点：

（1）为了孩子，大人要作出必要的牺牲，控制好自己，不要多看电视，或者等孩子睡了以后再看自己喜欢的电视节目。为了小外孙，我都有六七年没好好看电视了，就是看也是挑些对孩子有教育意义的电视节目来看，还和孩子一起看，一起学习和分享。等孩子上小学了，我就会督促他看电视要适可而止，赶紧先把作业写完。

（2）孩子看电视的距离一定要注意，不能太近了，而且看电视的时间也不能太长，30分钟左右就够了，最多也不要超过1个小时。

（3）正确引导孩子看合适的电视节目，如新闻、科技类节目，儿童文艺类节目，少看或者不看偶像剧、言情片，以及那些篇幅冗长的电视连续剧。

8. 儿歌识字

儿歌识字是指在认读了短语的基础上给孩子编写儿歌。儿歌识字可以有效提高孩子的认字能力，加快孩子的认字速度。孩子从朗朗上口的儿歌当中会不知不觉地认识许多新的字、词。在教孩子儿歌识字的过程当中，我觉得要注意以下几点：

（1）目前图书市场上与儿歌相关的书很多，但是未必都是孩子喜欢的。因为孩子还小，认识的字不多，此外儿歌的内容孩子不一定感兴趣，所以我

认为可以先从孩子所喜欢的物品来认读儿歌，这就需要大人根据孩子的实际需要，有针对性地编写孩子喜欢的儿歌。

（2）所编写的儿歌要通俗易懂，与日常生活密切相关，而且要有趣好记，歌曲的长短要适宜。

（3）要视孩子的实际情况来让其认读儿歌，及时增加一些与亲情、孩子日常生活有关的儿歌。

（4）根据孩子的年龄情况，让孩子从会唱逐步变为会背诵儿歌，以此来锻炼孩子的记忆力。

也许会有家长感到疑惑：市场上既然有现成的儿歌，为什么还要自己费时费力来编写。我想说的是，现成的儿歌不是不好，只是每个孩子的情况不一样，孩子对自己熟悉的东西更感兴趣，因此针对孩子的生活内容来编写儿歌，孩子就会更喜欢，也才更有效。此外，家长在编写儿歌的过程中，既让孩子认识了字，也加深了亲子交流，何乐而不为呢?

9. 国旗识字

通过国旗来认识汉字也很有效。因为每个国家国旗的颜色和图案都不一样，孩子对各式各样的国旗会非常感兴趣，家长可以抓住这个特点对孩子进行识字训练。关键的一点是：不需要每个国家都认识，只要认识那些常见的、主要的国家的国旗就可以了。这样孩子既学到了汉字，也认识了不少国家的国旗，还可以玩认识国家名称的游戏。

10. 地图识字

家里最好挂上中国地图和世界地图，要是再配备一个大一点的地球仪就更好了。可以经常让孩子看地图，并告诉他地图上所对应的地方或者国家的名称。如在中国地图上，我会告诉孩子有多少个省、自治区、直辖市，它们的形状是什么样的，省会城市的名字分别是什么，并用手指出相应的位置给孩子看；在世界地图上，我会告诉孩子有哪些国家，这些国家分别位于什么地方，它们的首都在哪里，叫什么名称。地球仪则可以锻炼孩子的动手和观察能力，比如当看电视新闻说到哪个国家或地区发生什么大事的时候，家长可以问孩子这些地方都在哪里，这时孩子会捣鼓地球仪，在上面找到相应地点的位置。这样的锻炼不仅扩大了孩子的知识面，也提高了孩子关心国家和世界大事的兴趣。

11．古诗词识字

教孩子学古诗词是我早教比较成功的内容。小外孙 4 岁左右就能认读 200 多首古诗和毛主席的诗词。我是从孩子 2 岁开始教他学古诗词的，因为那时孩子已经认识近 2 000 个汉字了，我觉得是时候让他学点古诗词了。然而，问题出现了：古诗词很多，而且都比较难学难记，孩子不一定会喜欢，该怎么教呢？那时，我发现 2 岁的小外孙有个嗜好——爱吃巧克力，于是便灵机一动。孩子每次馋巧克力的时候，我便让他跟我学一首古诗词。孩子为了能吃巧克力，就很高兴地答应了。于是我便一句一句地念给孩子听，然后让孩子一句一句地跟着我读。记得我教孩子学的第一首古诗就是诗仙李白的《静夜思》。小外孙学会一句我就给他一小粒黄豆般大小的巧克力，孩子很高兴，很快就学会了这首诗。就这样，经过近一年的学习，小外孙很快就会念 160 多首古诗了。这时，我又有想法了：何不让孩子学学毛主席的诗词呢？于是我找了一本毛主席诗词集，从中挑选了 20 首相对简单易学的让孩子学。一开始，孩子两天读一首，后来就一天读一首了。认读 10 首以后我就让孩子休息一下，进行点别的活动，过几天再继续学习，温故而知新。当孩子学了近 200 首古诗词的时候，我就暂停了，怕孩子学得太多会厌学，于是便开始了“温故”的阶段。

12. 看书识字

经过之前的识字训练铺垫，再来看书估计不会有太大的困难。当然书还是要看的，主要是通过看书来了解形容词、介词的概念并知道这些词的用法，从而明白书中所讲故事的情节和内容，最终目的是让孩子能看懂书中所讲的内容，并且爱上读书。在我的努力下，小外孙在上小学之前就已经读完了小学三年级之前的语文课本，尽管可能还有些不太理解的地方，但是不妨碍他的学习。

现在的家长都很重视给孩子买幼儿读物，希望孩子能喜欢读书、爱上读书。那么，在引导孩子读书时有哪些注意事项呢？

（1）平时要经常给孩子讲故事，根据孩子的反应观察他喜欢听哪一种类型的故事，然后再有针对性地买这种类型的幼儿读物。因为小外孙很喜欢听惊险刺激或者有冒险性的故事，所以我就经常带他去新华书店，让他自己挑选。

（2）一开始孩子可能不爱看书，就算看，精力也不容易集中，这时家长千万别着急上火，可以尝试从给孩子讲睡前故事开始，孩子迷上听故事后，大人就告诉他这些故事都藏在书里。这样孩子就会感到很好奇，有了想看书的欲望。

（3）孩子开始读书的时候，大人一定要陪着孩子一起读，并用手指着书中的字，一字一句地和孩子一起读，然后渐渐地发展到让孩子能自己读书和看书。

（4）如果孩子对书中某个故事或者某个情节特别感兴趣，大人可以反复给孩子多读几遍，以便孩子加深印象。

（5）当故事读了一段时间之后，家长可以渐渐训练孩子讲故事，刚开始孩子可能记不住或者讲不好，这时家长一定要多给予鼓励，并给予适当提示。

（6）不管孩子是讲完一个完整的故事还是只讲了其中的一小部分内容，家长都要给予热烈的掌声，以资鼓励。这样孩子会更有信心，下次也会表现得更好。

13. 广告牌识字

不管年龄大小，孩子都喜欢到外面去玩。家长每次带孩子外出时，看到路上的大小店铺或者指示路牌，都可以告诉孩子上面写着什么，这样，孩子不需费力就能认识很多字。如果你想知道孩子真正认识了没有，可以在过几天外出时，故意指着其中一个牌匾考考他，如果孩子的识字量达到了一定程度，相信他的回答大致会让你满意。

如何教孩子学习数学

数学的学习，不仅关乎成绩好坏、分数高低以及升学与否，同时还是孩子成长过程中不可忽视的关键环节。数学作为国际通用学科，不仅能开发、增强孩子智力，还能帮助孩子形成思维模型。

有句老话说得好："学好数理化，走遍天下都不怕。"可见数学、物理和化学这几门学科在国人的心中占有多么重要的地位。我觉得孩子学好数学很重要，先撇开考试升学不说，如果想拥有理性的逻辑思维能力，学好数学就起到了非常重要的作用。

数学的重要性

数学是研究现实世界的空间形式和数量关系的科学，包括算术、代数、几何、三角、微积分等。学习数学能极大地提高人的抽象思维能力和空间想象能力。著名数学家华罗庚曾说过：在数学家的眼里，世界都是由数和形组成的，无处没有数和形。

数学是一门逻辑性很强的基础科学，人们运用通过数学推导出的种种概念、原理与规律来指导日常生活。有人甚至把数学对于人类的意义比作生活中不能缺少盐一样。幼儿数学启蒙教育对人的一生起着至关重要的作用。培养孩子具备良好的数学思维和品质，对孩子以后任何学科的学习和生活都是有好处的，其所接收的新知识，也将被系统地归纳。现在的孩子时间观念差，做事磨蹭，原因之一就是孩子的数理能力不强。如何统筹、合理安排作息时间，有条理地安排好自己应该做的事情？答案是必须从培养数理能力开始。

抓住敏感期，让孩子在玩中学习数学，在玩中产生对数字的兴趣，喜欢说数字、玩数字游戏等。父母应尊重自然赋予孩子的行为与动作，并提供必要的协助，通过科学系统的教育理念，让孩子轻松快乐地学习。

数学还能培养一个人的反应能力、逻辑思维能力、好奇心、专注力，并锻炼其爱钻研的性格品质。

孩子学数学的可行性

（1）数学是个既抽象又现实的东西，因为数看不见、摸不着，只是当前情况的反映。如 5 个苹果、4 把椅子、3 个气球、2 只眼睛、1 个鼻子，这些苹果、椅子、气球、眼睛、鼻子都是能看到、摸到的，相对好学也容易理解，便于记忆。但对于 5、4、3、2、1 是什么意思，估计这对孩子而言不容易理解，因为它们既抽象又具体。然而，越是抽象的东西越要及早进行启蒙教育，因为这时的孩子不懂得难和易，抽象不抽象，好学或不好学，他只知道看、记和有趣地玩。所以要抓住孩子这个时期的特点进行数学知识的启蒙教育。

（2）数学是一门抽象的知识，孩子不容易理解。但是，我们要相信孩子的情景领悟能力，在你经常不断地变换物品与数量的情景中，孩子也会慢慢领悟数这个概念。

（3）要相信孩子的记忆能力，日常生活中你只要经常给他介绍数，让孩子听到和看到，并给孩子介绍数字与物品的关系，这样孩子就了解了，慢慢就理解了数，记住了数。

（4）教孩子识数，方法是关键。首先，不可操之过急，没有耐心。其

次，要趣味化，游戏化。再次，要经常化，生活化。最后，要科学化，先易后难。

我是如何教孩子学数学的

数学的知识内容很广泛：认数、数数、算数、认图形、认识角、学比较、学长度、学重量、学面积、知道时间、辨别方向、认识人民币等，孩子需要从小对这些知识有个简单的了解。

（1）首先从认识阿拉伯数字 1 ~ 10 开始。将这些数字做成识字卡片教孩子认识，写的时候要同时写上汉字一到十。汉字和阿拉伯数字的大小比例要恰当，可一个大些，一个小些。此外，可针对这些数字画出小图案。如画 5 个苹果、4 个桃子、1 个西瓜等。画的效果尽量能表达意思就行，主要是让孩子在看到数的时候能和识字卡上的图案相对应。

（2）认识了数字，就开始学数数。从 1 数到 10，再从 10 倒数到 1。这样反复训练几次，孩子对数数熟练了以后，就开始结合家里的物品进行数数。如几盏电灯、几扇门、几个窗户、几张桌子、几把椅子、几个人、几个盘子、几双筷子、几个碗等。教孩子用自己的手指头指着数，以加深孩子对数字和物品的概念。

（3）当孩子能认识 10 以内的数，并能顺着数和倒着数时，就可以进行简单计算了。先是 5 以内的加减计算，这个过程可略长一些。教计算时，要始终坚持在生活中用实物来进行演示。

孩子对吃东西比较感兴趣，因此吃水果时是教数学最好的时机。如可以问孩子：家里有几个人，每人分几根香蕉，然后让孩子把香蕉分到每个家人的手里。两三岁的孩子特别喜欢这个游戏。对于孩子的表现，不管做得怎么样，都要给予表扬和适当的鼓励，这样孩子会更加有自信，对学习数学计算更加感兴趣。

利用孩子的玩具学计算。小外孙特别喜欢小汽车，为了教孩子学数学，我给他买了10辆类型和颜色各异的小汽车。先用5辆小汽车演示汽车进出车库的情况进行5以内的加减计算，孩子很喜欢这种形式，因此不需要太长时间，小外孙就熟悉了5以内的加减计算。

教孩子进行5以内的计算时，还可以利用卡片之间的数字运算。如算一个苹果加上另一个苹果，可以在卡片上写：1+1=2；算两根香蕉加两个苹果时就写上：2+2=4；算三根香蕉吃掉两根，就写上：3-2=1……孩子虽然不理解，但是他会记住这些算式的。一开始只写单个算式，等孩子熟悉后，再写在一张大白纸上，并让孩子找到那个算式，这为以后进一步学习加、减法口诀表作铺垫。另外“0”的概念也要告诉孩子：0就是没有了，如1-1=0。

（4）在进行5以内的计算时，也不要忘记让孩子继续数数，可以从1数到20或者50，视情况还可以数到100。孩子数数时最爱卡壳的地方就是19、20，29、30，39、40，49、50等，家长要反复提醒，但不要一看到孩子卡壳就马上告之，而是要等孩子实在想不出来时再告诉他。

（5）上述的教学过程进行较长一段时间后，孩子就会对数的概念有初步的认识和印象，虽然他还不理解其中的道理，但已经可以进行10以内的加、减计算了。进行10以内的计算之前，先让孩子背诵5以内的加、减法口诀表。这个刚开始估计会比较难进行，因为孩子不理解口诀表，也没有掌握其规律。等孩子会背了，并能较熟练地进行计算后，才能进行10以内的计算。

（6）在学10以内的数学计算前还有一个很重要的步骤——学拆数的知识。先拆5以内的数，拆4、拆3、拆2，反复拆，大人要给孩子作演示，可先列个拆数的式子。如写个4，然后在4字下面写个汉字“八”，先在撇下添个3，再在捺下添个1，这样就表示3+1=4了，要反复演示给孩子看，这样孩子就会慢慢明白拆数的意思了。熟悉以后，让孩子自己拆2、拆3、拆5。等孩子能把5以内的数拆得非常顺利，并能脱口而出时，就要进行识读5以

上的口诀表。将口诀表写在一张白纸上，在孩子识读熟练之后，便开始学习10以内的计算。原则也是遵循先易后难，如5+1、5+2、5+3等，依次往上学。然后教孩子学拆6、拆7、拆8、拆9、拆10的训练。如果此项知识学会并掌握了，那么就可以说，孩子已经初步迈进了数学的大门，再往下的学习就会容易得多了。

（7）学习减法运算。减法比加法要稍微难一点，为了直观明白，也可以用拆字法多跟孩子讲一讲。如5，下面的一边是3，那另一边是几呢？孩子很快会算出来是2。在这个基础上，你跟孩子说："5个苹果吃了3个还剩几个呢？"孩子一看拆字的算式就会知道是2，紧接着写出5-3=2的算式来，他很快就会明白减法的含义了。

（8）接下来就开始学习20以内的数字运算。学习20以内的数字运算，关键的一步在9+2=11上，这一步要让孩子完全明白，需要利用拆数凑10法。先将2拆成1和1，然后用一个1和9组成10，最后加上剩下的另一个1成为11。当算6+8时也可利用拆数凑10法，将6拆成4和2，用2与8组成10，再加4就等于14了。掌握了这个方法，孩子运算起来就得心应手了。

（9）拆数的训练很关键，也很重要。要换着花样拆，变着花样组合。有时是和、加数添另一个加数，有时是两个加数求和。当学到20以内的运算时，也要教孩子拆11、拆12……一直拆到20为止，当然这些知识学不学都可以，就看孩子的接受能力了，因为上小学时才会学到。

（10）乘法的学习。乘法知识的学习一开始也是不要求孩子理解，只要孩子能背诵乘法口诀表就可以了。大人在一张白纸上画上表格，然后将口诀表抄写上去，再与孩子一起看、一起读。乘法口诀表就像顺口溜一样朗朗上口，孩子会很爱读，读着读着就背会了。我小外孙用了一个星期就会背乘法口诀表了，但是为了防止遗忘，我不时让他反复读和背诵。

（11）除法的学习。除法的运算我没教多少，只告诉孩子"平均分"是什么意思。比如，把一个月饼分成一样多的两份，给两个人吃，4 个苹果分成 2 份，这就叫平均分，需要用除法进行运算。然后，我又教孩子认识了除号（÷）、除法算式（如 10 ÷ 2 = ?）以及商、除数、被除数。最后，我简单地给孩子讲了一下如何利用 10 以内的乘法口诀表来进行除法计算。如：10 ÷ 2 = ? 因为 2 × 5 = 10，所以把 10 个苹果分成 2 份，每份就是 5 个，即 10 ÷ 2 = 5。又如：8 ÷ 4 = ? 因为 2 × 4 = 8，所以 8 ÷ 4 = 2。以此类推，因为 2 × 3 = 6，所以 6 ÷ 3 = 2……其实，只要有了乘法口诀表的基础知识，除法运算是很容易学会的。

（12）认识图形。记得当时教小外孙学识别图形时，我先将各种图形画在白纸上，并用文字注明这是什么图形，因为孩子当时已经认识很多汉字了，所以他一看就懂了。很快，小外孙就知道了三角形、正方形、长方形、圆形、梯形、椭圆形、直角三角形、平行四边形等平面图形，然后我又画了正方体、长方体、球体、圆柱体等立体图形。为了让孩子有个清晰直观的认识，我将他的积木玩具拿出来，告诉孩子平面图形和立体图形的区别，孩子一看就明白了。另外，在给孩子讲解图形时最好能结合孩子的日常生活，让他多留意观察生活中的各种物品形状。比如桌子、椅子、卫生纸、自行车等。家长要想办法调动孩子学习的积极性和主动性，那么学习的效果就会事半功倍。

（13）学左右方向。这部分的内容比较简单，家长只要在日常生活中经常提个醒，那么孩子不用费多大劲就能学会。因为小外孙还小，对左右的辨别可能经常会混淆，于是我就经常在他的两只手的小手背上写上小小的“左”和“右”（洗手洗掉了就再写）。孩子只要将自己的左手和右手分清楚了，那么要分清左脚、右脚，左耳、右耳，左眼、右眼，左边、右边等，就不是什么难事了。

（14）学角度的概念。关于角度的知识在生活中不太常见，为了让孩子对此有个比较直观的感受，我经常骑着自行车带着孩子专门去大桥底下，因

为那里有各种各样的“角”，形象又直观。至于角的力学知识和数学运算，我没跟孩子说，因为孩子上学后老师都会教的。小外孙对机械特别感兴趣，也注意观察。有一次，他指着大吊塔对我说：“姥爷你看，大塔吊的架子上有好多三角形呢！”我很高兴，因为孩子已经对各种图形“上心”了。此外，孩子对高层建筑也情有独钟，每当看到高楼大厦，他就很兴奋地说：“姥爷，你看这个楼漂不漂亮啊？”我对他说：“你长大了，上学后要好好学习，将来就能设计出最好、最漂亮、最壮观的大楼啦，搞设计就得先学好数学，学会设计图纸，图纸里就需要用到长方形、正方形、圆和角的知识。”孩子听了一脸迷茫看着我，但是我相信他将来有一天一定会明白姥爷的话的。

（15）学时间知识。记得 2014 年马年春晚，一首名叫《时间都去哪儿了》的歌曲不知道触动了多少人的内心。时间是个看不见、摸不着的匆匆过客，你还没回过神，它已经悄无声息地溜走了。孩子从呱呱坠地，到咿呀学语，一晃就到了上小学的年龄了，你会感叹时间过得真快啊！所以我们要让孩子从小就学习关于时间的知识，懂得时间的宝贵，学会珍惜时间。孩子虽然还小，还不知道时间是个什么概念，但是他会像个小大人一样，喜欢看表，也喜欢玩表，这样不知不觉中就学会了有关时间的知识。

①估计大多数家庭都会有个钟表，有的还不止一个，因此孩子很小就认识钟表了。但是关于时间的知识还真是不太好教，因为孩子不知道该怎么看，也不容易记住。整点或者半点估计还好教好记一些，其他的时间就有点难度了。当然，家里要是有电子表估计还比较好办，只要孩子认识数字了就容易明白，但是有时针和分针的那种钟表就不太好弄了。为了教孩子认识时间，我特意买了一个电子表，表的后面有可以拨动表针的旋钮。这个电子表既可以当玩具玩，又可以当时间的教具，小外孙非常喜欢，老想拨动后面的旋钮，可是手指劲太小拨不动，于是他就缠着非让我给他拨动不可。我一边拨动，他一边很好奇地看着表针在转动，感觉很有意思。但我给他拨是有条件的，

那就是要他好好认识时间，于是孩子就乖乖地学习有关时间的知识了。

②为了使孩子能直观、清晰地读时间，家里人买表时要买刻度盘上标有12个阿拉伯数字刻度的钟表，不能买没有数字的。为了更详细地告诉孩子钟表的知识，我又在钟表周围的框贴上用小白纸写的13、14、15、16、17……24点的标记。这样做的目的是为了让孩子日后能更加深入地学习时间知识，不管孩子能记住多少、明白多少，但这个认知时间的过程需要告诉他。

③待孩子到了四岁多的时候就可以和他玩认时间的游戏了。我将电子表的表针拨到一个整点的时间，问孩子这是几点；拨到半点的时间再问孩子这是几点。起初孩子不明白也不清楚，但是觉得很好玩，也感兴趣，我就反复告诉他这是几点，时间长了，孩子慢慢就明白了。我还将孩子每天的作息时间写在纸上：几点起床，几点去幼儿园，幼儿园几点吃午饭，下午几点放学，晚上几点睡觉，妈妈几点下班等。然后，我让孩子分别拨出各项目活动所对应的时间，不管对不对，都要给他鼓励，让他坚持下去，对的加以表扬，不对的就帮他纠正。

④除了学习看钟表的知识外，还得学习关于时间的其他知识。你可以告诉孩子：日子一天一天地过去了，一个月接一个月也快过完了，一年12个月一旦过完了，就该过新年了。如果孩子很感兴趣，情绪高涨，你就趁热打铁，马上在白纸上写上：一年有365天，一天有24小时，一小时有60分钟，一分钟有60秒；一年分12个月，一个月有30天，分为4个星期，一个星期有7天等。写完之后就念给孩子听，他能理解多少就理解多少，能掌握多少就掌握多少，不要强求。

⑤大人在翻看日历、议论时间时应该让孩子看到、听到，还可以经常问孩子：今天是几月几日？明天是星期几？让孩子带着问题去翻看日历，这样可以加深孩子对时间知识的认知。还可以经常问孩子一些常见的问题：你的生日是几月几号呢？还有多少天是你的生日啊？妈妈的生日是几月几号？爸

爸的呢？姥姥、姥爷的呢？这些与时间有关的事情可以经常询问孩子，不仅可以增加孩子认识时间的敏感性和兴趣，还可以增加亲子感情。

⑥经常让孩子去看表。大人可以问："宝贝，现在几点了？"孩子不知道，也看不懂，你就告诉他长针（时针）在哪里，短针（分针）在哪里，怎么看。记得我小时候家里蒸馒头时，刚一冒气，大人就让我看看现在是几点，然后告诉我蒸20分钟就好了，让我看着表。怕我看不明白，大人就告诉我长针到哪、短针到哪时就刚好是20分钟了。这些我都记忆犹新。记得小外孙上幼儿园后，我就经常问他"幼儿园几点吃午饭？几点午睡？几点放学？"这些关于时间的话题。

⑦在日常生活中，还要告诉孩子关于"天"的习惯说法。如今天、明天、后天、大后天，昨天、前天、大前天等。和孩子说这些"天"的习惯用法时，他会听得津津有味，但同时也稀里糊涂的，因为实在是分不清，也记不住。但是，昨天、今天、明天，这三个"天"是一定要记住的，还要会用。大人最好在挂历的日期上用笔圈起来给孩子演示一下：比如，今天是6号，昨天是5号，而7号就是明天。要是孩子感兴趣，还可以将4号（前天）、8号（后天）也标注上。

⑧等到孩子四五岁时，大人可以与孩子共同翻看日历，当然，还可以把国家的法定节日编成顺口溜：元月一日是新年，正月初一是春节，三月八日妇女节，五月一日劳动节，六月一日儿童节，七月一日建党节，八月一日建军节，十月一日国庆节，十二月二十五日，洋人过的圣诞节。通过这种方式，相信孩子会更加容易记住这些节假日。

⑨告诉孩子为什么会有白天和夜晚。我是这样教小外孙的：拿地球仪作演示，先把屋子的窗帘拉上，拿个手电筒当作太阳，然后转动地球仪。手电筒照亮地球仪的部位是白天，地球仪背面阴暗的地方是夜晚，还有快黑、快明的地方分别是傍晚与早晨。如此演示一番，孩子就会对白天和黑夜有较为

直观的认识了。

（16）学习钱币的知识。钱是生活中不可缺少的东西，大人离不开钱，小孩子也喜欢钱，因为钱可以给他买好吃的，买他喜欢的玩具。首先我说明一点：学习钱币的知识可不是鼓励孩子随意花钱，更不能当孩子学会了一点钱币的知识后就听之任之。

①对于钱币知识的学习，孩子刚开始可能不太清楚，也搞不懂。我是这样做的。首先教孩子认识钱币，将人民币所有的面值都准备好，有纸币 100 元、50 元、20 元、10 元、5 元、1 元、5 角、2 角、1 角，还有硬币 1 元、5 角、1 角。单独将这些钱放在一个小盒子里，以备反复学习使用。一开始孩子通过看纸币上的数字，就认识是多少钱了，慢慢熟悉之后，只要一看到纸币的颜色就能说出是多少钱，硬币也一样，孩子很快就能认识。为了加强孩子对钱币的印象，也为了锻炼孩子的记忆力，我又与孩子一起学习了人民币上面的图案。其实不同面值钱币的图案是很有意思的，通过和小外孙一起学习，我们都增长了不少知识。比如，100 元的背面图案是人民大会堂，50 元的背面图案是布达拉宫，20 元的背面图案是桂林山水，10 元的背面图案是长江三峡，5 元的背面图案是庐山山脉，1 元的背面图案是三潭印月，5 角的背面图案是国徽，1 角的背面图案也是国徽；硬币 1 元的背面图案是菊花，5 角的背面图案是荷花，1 角的背面图案是一束花。为了增加学习的趣味性，我们爷俩还采取互相提问的方式来学习和加深印象。

②为了加强孩子对钱币使用和交换的认识，也为了锻炼孩子的胆量与交往能力，我买东西时经常让孩子去付钱。一开始是让孩子给正好的钱，然后就去办花 1 元找回 5 角钱的事情。比如，你事先告诉孩子买 5 角钱的棒棒糖，没有零钱，先给阿姨 1 元，阿姨要找回 5 角钱。我在离他五米开外的地方看着他，孩子高高兴兴地去完成了任务，然后将找回的零钱给了我。

③接下来，可以放手让孩子去办花 10 元以下的事情，如花了 8 元找回 2

元。慢慢的，孩子就会明白10元里有十个1元，1元里有十个1角……钱的知识认知是潜移默化的，孩子只有去实践、体验才会明白、理解。所以要从小训练孩子，让其养成正常的花钱行为，不要怕孩子乱花钱、爱钱。只要引导正确，孩子从小就会树立正确的金钱观。

④小外孙三岁多的时候，我给他做了一个储蓄箱，上面写着“博文零钱储蓄箱”。我告诉孩子：“凡是看到家里一元以下的零钱都收集起来，放到储蓄箱里，等零钱攒满了，姥爷就给你打开，你需要什么，就拿钱去买，但是不能乱买，得告诉姥爷都买了些什么。”孩子很高兴地答应了。从此，小外孙收集零钱变得特别积极，不时还把储蓄箱拿来摇一摇，听听里面钱币咣当咣当的声音。从孩子攒钱的行为来看，他还养成了不乱花钱的习惯，有时他妈妈急需点零钱跟他要，孩子一脸不情愿地说：“钱还没攒够呢，姥爷不让我乱花钱。”

（17）重量、长度、面积方面知识的学习。这一部分的知识因为和孩子的生活联系不太密切，用的也不多，所以学习起来不太好掌握。

①孩子对重量最深的认识估计就是称体重了，因为孩子6岁之前都有定期体检，称体重、量身高是必做的项目。平时大人买菜买米回来也不可能跟孩子说这条鱼有多少两，那袋米有多少斤，因为那样很麻烦，而且家里也不可能拿个秤来重新称一遍给孩子看。对于重量的知识，我觉得让孩子知道有哪些单位以及用英文字母怎么表示就可以了，比如吨（t）、千克（kg）、克（g）。至于各种单位之间的换算，等孩子上学后再学也不晚。

②相比较而言，长度的知识要比重量的知识好教一些，只要买个盒尺就可以了。盒尺既能当玩具，又能充当长度知识学习的教具，孩子也感到新鲜有趣，可以在玩中学习相关知识。孩子会学着大人的样子，量量这里，量量那里。然后我就告诉孩子长度单位都有哪些以及用英文字母该如何表示。如千米（km）、米（m）、分米（dm）、厘米（cm）、毫米（mm）。不过这些长

度的知识也需要大人不时提醒，并引导孩子对周围的物体进行测量，从而得到一些直观感性的认识。

③面积的知识不太好学，因为感觉和孩子的生活相去甚远。我没怎么教小外孙这方面的知识，只不过在看地图时，我用手给他圈画中国的面积，并告诉他中国的国土面积很大。当然，世界上还有许多小国家，它们的面积不大，但常年战火纷飞，如伊拉克、阿富汗、利比亚等。记得有一次，小外孙看地图时突然跟我说：“姥爷，俄罗斯的面积也好大呀！”我说：“对，它的国土面积最大，但多半靠近北极地区，那里好冷，且人烟稀少，不太适合人类居住。另外，赤道地区附近也不好，终年炎热。赤道地区有个国家叫印度尼西亚，它的面积也不小，但是个岛国，陆地面积不大，海洋面积大。”我教小外孙学习面积的知识多半是看着地图和地球仪进行的，这样会给孩子一个较为直观感性的认识。

通过教授小外孙学习数学知识的经历以及孩子的表现，我得出了这样的经验总结：学数学是入门难，出门易。一开始接触数学会觉得很抽象，不知道该从何入手，然而一旦掌握了方法和技巧，就会游刃有余。学语文则刚好相反，入门易，出门难。孩子可以很容易就认识很多字词句，但是进入语文的殿堂后，会感觉需要学习的东西太多了，而且也不太容易学好。

如何引领孩子进入英语世界

如今，孩子从小就开始学英语。在孩子的英语学习过程中，家长可以多给孩子一些鼓励，让孩子有信心学好英语；偶尔抽出时间和孩子一起学习，树立学习榜样，提高其学习投入度；陪孩子在玩乐中学英语，养成学习兴趣。

英语的重要性不言而喻，先不说小升初，中考、高考、考研、考博，甚至出国留学，英语都是必考科目而且占比很重，就拿旅游这个目前人们最热衷的活动来说，无论是出国游还是国内游，随处都会碰到老外，用外语（尤其是英语）进行沟通交流，已经成为一种生活必需。

作为一种语言，英语的学习应该从娃娃抓起。就像我们学习汉语一样，从宝宝牙牙学语开始，大人就开始教他说汉语，从此伴随一生，因此我们不觉得学汉语是件很难的事情，因为我们的生活、学习，还有社交等都离不开它。如果英语的使用频率能够达到这个程度，相信就不会有那么多人为此发愁了。

虽然我小外孙的英语学习与其他同龄孩子相比并不算突出，但是在我们这个英语环境不算理想的家庭环境里，能取得这样的成绩还是让我感到挺欣慰的。

孩子的英语教育可谓千差万别，方法也见仁见智。我结合自己所学到的理论知识，以及在实践中的经验总结，谈一下自己的一些浅见。

全情境外语环境学习外语

这种教育模式在大多数的中国家庭里是很难实现的，但它的教育理念与教育精髓我们是可以借鉴、参考的，条件好的家庭可以努力创造这样的环境。

这一教学模式要求家长及与孩子接触的家庭成员都有很高的外语水平，能流利地使用外语，熟练地表达语义、思想和情感。

在这个环境中教孩子学外语，就能如同教母语一样，自由自在，不留痕迹，做到生活中教，游戏中学。要想孩子学好外语，就应该长期耳濡目染，随时随地给孩子两种或两种以上的语言刺激，使孩子在不知不觉中模仿、领悟、记忆和应用。而且孩子根本不知道他学的哪种语言是母语，哪种语言是外语。

如果家庭成员中各自会讲不同的语言，就可以同时使用不同的语言进行全情境教学法，各种语言之间互不翻译，互不干扰，让孩子一开始就聆听和熟悉不同的语言，并能用不同的语言进行思考，这便是世界上最简便、最理想的婴幼儿外语学习法。要想达到这个效果，应该注意以下几点：

（1）家庭成员会几种不同的语言，可同时使用各自的语言进行交流，以此来熏陶孩子。不要怕孩子听不懂，只要大人之间能听懂，孩子慢慢也会听懂，继而也能说几种语言。

（2）会说不同语言的大人，最好每天多与孩子接触，陪他说话、玩耍。最好孩子看到什么，大人就跟他说什么，孩子在做什么，大人也用语言表达出来，说话时发音要准确，语速要缓慢，同时面部表情要丰富，以此来感染孩子。

（3）要鼓励孩子大胆发音，并且给他作示范，教孩子从简单的发音到说

单词，从简单的短语到完整复杂的句子，注意由简单到复杂，循序渐进。

（4）无论教何种语言都离不开孩子丰富的生活感受，因此要注意情景结合，所教的最好能结合孩子所看到的实物和画面，还要与孩子一起动手干活、做游戏和外出旅游，只有在生活实践中孩子才能明白词句的含义，学会语音、语调，并激发起孩子强烈的语言表达欲望。

（5）用各种不同的语言教孩子唱儿歌、猜谜语、讲故事、表演话剧等。只要孩子喜欢听、喜欢说、喜欢模仿，大人就应该鼓励孩子大胆地表达出来，这样孩子很快就能学会各种语言。结合音乐学外语，学唱外语歌曲，这对孩子学习外语效果尤其显著。外国著名教育家特丽·怀勒说："音乐是通向记忆系统的世纪高速公路。"估计很多人都有这种体会，说方言说得很流利，但是普通话总是说不标准，然而一旦学唱歌，就能很自然地用标准的普通话来表达了。

（6）任何一种语言都有口语和书面语之分，需要两者同时学习、同步发展。要教孩子学外语，可以做些识字卡片，将外语单词写在上面，最好还能画上实物图，将其挂在卧室、客厅等孩子经常能看到的地方。

（7）不论是何种语言的教育，都要能够激发孩子掌握听、说、读、写四种能力的潜能。这四种能力的培养要成为孩子学习外语的兴趣与习惯，这样比单纯让孩子掌握多少词汇量更加重要。

全情境外语教学的效果是非常理想的，它不仅适合婴幼儿的外语教学，就算是在孩子6岁前某种语言已占据绝对优势后再学习外语，只要施教者具备良好的语言水平，全情境教育法同样奏效。

有这么个故事：某大学有一位外籍法语老师苏珊女士，她收养了一个叫苏小月的中国女孩，孩子当时已经3岁半了，完全没有接触过外语学习，但这位洋妈妈用全情境教育法教小月学法语，结果只花了半年时间，孩子就能基本听懂日常法语，也会用法语进行简单的沟通交流。

这位洋妈妈说，她教孩子学法语，不允许自己用汉语翻译解释给孩子听，只让孩子在生活中慢慢地领悟。当孩子听不懂时，洋妈妈就展示实物，或者用各种表情、手势演示给她看，渐渐地，孩子便明白妈妈说什么了。

语言的教育和学习离不开生活实践，洋妈妈还经常和小月做法语游戏，教她唱法语歌，讲法语故事，给她看法语动画片，让孩子始终沐浴在法语的语言环境中。孩子都是很聪明的，试想在这样的全情境外语环境中，又怎么可能学不会法语呢？

半情境教学

所谓半情境教学模式，就是在日常生活中一半用国语，一半用外语。这种方法比较适合我们的国情。半情境教学最适合家中有人懂外语的家庭。我们一边努力为孩子营造外语的生活环境，另一边也离不开母语教学，这样就让孩子同时学习了两种语言。只要方法得当，孩子两种语言都会学得很好，同时也提高了他学习外语的兴趣和积极性。

我就是利用半情境教学模式对小外孙进行英语启蒙教育的。在这一过程中，我深有体会，也颇有成效。

首先声明一点，我的英文水平并不高，以前读书时学的是俄语，所掌握的这点英语知识也是自己工作以后自学的，仅限于看着音标读单词，以及说几句日常用语，而且读音、发音都不标准。刚开始我也很担心教不好小外孙，但后来想通了。现在市场上不是有很多少儿英语教材吗，还配光碟呢。我可以买来学习，跟着读，看着学，一遍两遍，又不是很复杂的东西，哪有学不会的。我还专门买了英语词典，真遇到不懂的就向词典“请教”。我就这样半路出家，边自学边教孩子学习英语，没想到效果还不错，经过半年的努力，孩子在3岁时就学会了近200个英语单词，也会说一些简单的英语会话。孩子很高兴，每当有人问他谁教他外语的，他都会很自豪地说是“姥爷教的”。

既然小外孙学英语了，那就像老外那样起个英文名吧。可是叫什么好呢？我为此煞费苦心，想了好多英文名字，但是都不太满意。孩子 3 岁多时，他看了一部叫 pororo 的英语卡通片，里面的主角就叫 pororo，孩子很喜欢，就跟我说：“姥爷，我就叫 pororo 好了。”不过，我觉得 pororo 读起来很绕口，于是就给他改为 pololo，孩子也很高兴地接受了。为了配合孩子的英语学习，我想家里每个人也起一个英文名吧。为了激发孩子学外语的热情，我把这个起名字的任务交给了他。过了几天，孩子一本正经地跟我说：“姥爷叫 crow grandpa（乌鸦姥爷），姥姥是 peacock grandma（孔雀姥姥），妈妈是 swallow mum（燕子妈妈）。”就这样，我们都有了英文名，不过后来小外孙还是称呼我为 eagle grandpa（老鹰姥爷）。

怎么对孩子进行英语启蒙呢？英语是一门语言，既然是语言学习，就离不开最基本的听和说。孩子 1 岁前我就开始给他放英语光碟，听歌曲、听对话，让孩子经常沐浴在英语的语言环境中。孩子 2 岁开始会说话了，我才教他学英语。一开始先让孩子学认英语字母，学唱英语字母歌，英语字母歌好唱也好听，孩子很喜欢，很快就学会了。同时，我将 26 个英文字母抄写在一张大纸上，孩子在唱英文字母歌的时候，我就拿着小棍子指着字母给他看。很快，孩子不仅学会了英文字母歌，也认识了 26 个英文字母。

接下来该教孩子英语单词了，怎么教呢？如果单纯将单词写在卡片上让孩子来看和认，肯定很枯燥，别说孩子没兴趣，我都感觉没意思。带着这样的疑惑，我到幼儿玩具店去转了转，结果发现了“新大陆”——英语学习机。我挑了其中一款学习机，里面配备有图案的识字卡片，卡片图案上同时有汉语和英语单词。只要拿点读笔指着汉语单词，学习机就会“说”汉语单词，指着英语单词，学习机就会“说”英语单词，特别好玩。学习机配备的卡片图案单词有近 200 个，内容也很丰富，有动物单词、人物单词、玩具单词、汽车单词、文具单词、家电单词、图形单词、数字单词等。我把学习机买回来后孩子高兴得手舞足蹈。他先挑选自己感兴趣的来点读，如动物、汽车、建筑之类的图案单词；不感兴趣的就不怎么点，如数学单词、家电单词等。我也不勉强，觉得孩子喜欢什么就让他点什么吧。孩子通过点读单词，很快就学会了近百个英语单词，而且能认能说，发音也很标准。

孩子在使用学习机学习英语时，有许多细节和事项需要我们注意：

（1）孩子在用学习机学习时，大人千万不可当“甩手掌柜”，以为将学习机扔给孩子就万事大吉了，让孩子一个人去玩、去学，那样孩子很快就会玩腻了，更别说学习了。

（2）一开始引导孩子学英语时，大人最好陪伴左右。至于学什么，最好让孩子做主，他喜欢学什么就学什么，不要过多干涉。同时，大人和孩子一起学，一起读时，要表现得和孩子一样感兴趣。

（3）学习机配备的图案卡片平时不要统统都拿出来让孩子看到，那样孩子会光看图片，看够了就会将其扔在一边，也没兴趣再去捣鼓学习机了。平时学习时只要拿出几张就好，每次学十来个单词就够了。然后过一阵子再换几张，让孩子有新鲜感。

（4）孩子学了一段时间后就能记住一些单词了，这时大人要对其进行测试。比如问他：“小鸟的英语单词怎么说的？姥爷忘了。”如果孩子记得，他会很高兴地告诉你，如果他说对了，你就竖起大拇指表扬一下，这样孩子会觉得很有成就感。要是孩子忘了，你就告诉他可以“问问”学习机，带着问题，孩子会很积极地去查找答案，这样也就达到目的了。当然，这时也不要忘了适当给予孩子表扬，鼓励他继续努力。

（5）要永远装作小学生向孩子“请教”，故意装作不会或者不太会的样子去向孩子请教，而且态度要认真、诚恳，这样孩子就会很认真地去教你，即使他不会的，他也会积极去学会，然后再告诉你。这样就形成了很好的互动学习氛围。

（6）有时孩子对学习机玩腻了，厌恶了，大人要想方设法激发他的学习热情。有一次，我对小外孙说："小王老师，警察局这个单词怎么念啊？"孩子一听到我喊他"小王老师"，就很高兴地跑过来，一边按学习机一边很认真地告诉我怎么读，我虽然听见了却故意假装没听明白，让他再念几遍，这样也加强了他的记忆。

（7）"现学现卖"。大人有时可以拿着学习机假装学习英语，在学了一个单词后，就问孩子这个单词是什么意思，考考他会不会。如果孩子懂的话就会告诉你，要是他不记得或者不懂的，他会立即跑过来摁学习机，听这个单词的发音，这样就达到督促或鼓励孩子学习英语的目的了。

（8）要想让孩子用学习机学习英语，也要看时机。如果孩子正在做其他感兴趣的事情，那么学习这事就应该先缓缓。如果孩子正好无聊或者无事可做的时候，就可以适时引导他使用学习机进行英语学习。

（9）孩子的学习时间不能持续太长，最多不超过30分钟，否则就会产生厌学情绪。孩子长大一些后，家长最好和他商量学习的时间，并加以督促。此外，每次学习的内容不要太多，如果孩子感兴趣，可以稍微多学些，兴致不高则适可而止。

（10）家长应使出浑身解数，让孩子感受到学习的快乐，千万不要为了学习而学习，要想办法增加英语学习的趣味性。

小外孙在接触学习机后爱不释手，两岁半时已认识了100多个单词，快3岁时认识了近200个单词。为了让孩子的英语学习更加系统，我给他报了个幼儿英语班。没想到孩子刚去，就得到了老师的夸奖，在学习班老师的耐心教导下，孩子的英语有了很大的进步，后来参加深圳"圣三一"英语等级考试，还获得了一级证书。

记得那时学习班要举办一次英语学习展示，老师让我小外孙参加。到底该展示些什么呢？老师说可以用英语介绍自己的家庭成员，于是我就给他用英语编了一小段：My name is Wang Yibo（我叫王一博），I'm three years old（今年三岁了）. I have a happy family（我有一个幸福的家庭），my mother's name is Li Tao（妈妈的名字叫李韬），my father's name is Wang Yuqi（爸爸的名字叫王钰淇），my grandma's name is Guo Zhantao（姥姥的名字叫郭占涛），my grandpa's name is Li Yaozhong（姥爷的名字叫李耀忠）. I love my family very much（我非常喜欢我的家庭）. 我还将我们全家的合影照片贴在一张 A4 纸上面，并用英文写上家庭成员的情况介绍，以上那几句英语我要求小外孙背诵出来。表演那天，小外孙手里拿着这张 A4 纸，将贴着照片的一面朝向大家，用流利的英文给大家介绍了一番，效果很好，得到了小朋友们热烈的掌声。我对孩子的出色表现也感到万分高兴。后来我们全家的合影照片在英语学习班上留了下来，作为他们的教学成果展示给大家看。

以上就是我在半情境环境下，利用学习机和参加幼儿英语学习班这两种形式，让孩子的英语学习取得一点小进步的经历。

在日常生活中，大人要充分利用各种机会和孩子进行英语练习，这对大人也是一种锻炼。例如，多和孩子用简单的英语进行问候和简单的会话。比如早上起来用“Good morning”来问好，离开家去上班时跟孩子说“Good bye”。平时还可以多使用“How are you?”来问孩子怎么样，如果孩子觉得还好，就会说“Fine，thanks.”

总之，家里要形成经常说英语的好习惯，这也会给孩子营造良好的英语学习氛围。一些常见的英语短语或句子要牢记在心，如 Hello（你好），Good morning（早上好），Good afternoon（下午好），Good evening（晚上好），Good night（晚安），How are you?（你好吗?），What are you doing?（你在做什么?），I'm sorry（对不起），Thank you（谢谢），See you later（一会见），See you tomorrow（明天见），What's this?（这是什么?），What's that?（那是什么?），I'm hungry（我饿了）等。我还将这些英语日常用语分别写在纸上，不

时让孩子拿来看看。

遇到一些特殊的节日，我也不忘提醒孩子用英语该如何表达。比如新年到了，我就会问孩子“新年好”用英语该怎么说，小外孙马上大声说:“Happy New Year！”要是碰上家里有人过生日了，我也会让孩子领着大家一起用英语唱生日歌。

家庭成员的称谓和社会上的职业称呼的单词也要让孩子熟悉。如 father（爸爸）、mother（妈妈）、uncle（叔叔）、aunt（阿姨）、brother（哥哥/弟弟）、sister（姐姐/妹妹）、grandma（姥姥）、grandpa（姥爷）等。此外，还有社会上的 worker（工人）、farmer（农民）、doctor（医生）、nurse（护士）、policeman（警察）、salesperson（售货员）、teacher（老师）、actor（演员）等。

我们在日常生活中让孩子做事情的时候，最好也能用某些英语词组表达。比如，get up（起床）、dress（穿衣）、wash（洗脸）、eat（吃饭）、study（学习）、draw（画画）、stand up（起立）、sit down（坐下）、play games（做游戏）、sleep（睡觉）、be careful（小心点）、quickly（快点）、come here（过来）、get out（出去）、carry a chair（拿椅子）、bring rice（端饭）、take chopsticks（拿筷子）、clean desk（擦桌子）等。让英语成为生活中语言交流的一部分，让孩子在不知不觉中掌握英语的使用方法。

孩子都喜欢去动物园看小动物，大人可以趁此机会告诉孩子动物的单词用英语是怎么说的。如 tiger（老虎）、lion（狮子）、giraffe（长颈鹿）、bear（狗熊）、panda（熊猫）、peacock（孔雀）、fox（狐狸）、rabbit（兔子）、elephant（大象）、mouse（老鼠）、monkey（猴子）、frog（青蛙）、ant（蚂蚁）、tortoise（乌龟）、zebra（斑马）、snake（蛇），还有 dog（狗）、cat（猫）、chicken（鸡）、duck（鸭）、fish（鱼）、pig（猪）、cow（牛）、sheep（羊）、horse（马）等。

利用孩子喜欢的玩具告诉他用英语该怎么表达。比如 truck（卡车）、bus（公共汽车）、ambulance（救护车）、jeep（吉普车）、car（小汽车）、bike（自行车）、ship（轮船）、train（火车）、plane（飞机）等。

也可以告诉孩子日常生活中常见的蔬菜、水果和主食等用英语该怎么表达。如 banana（香蕉）、orange（橘子）、apple（苹果）、grape（葡萄）、tomato（西红柿）、potato（土豆）、carrot（胡萝卜）、chives（韭菜）、cauliflower（菜花）、onion（洋葱）、pepper（辣椒）、eggplant（茄子），还有 bread（面包）、noodle（面条）、egg（鸡蛋）、sandwich（三明治）、cake（蛋糕）等。

在与孩子玩认识人体器官游戏时，也可以用英语表述，这样孩子会在愉快的玩耍中记住。如 head（头）、ear（耳朵）、eye（眼睛）、nose（鼻子）、hand（手）、finger（手指）、arm（胳膊）、leg（腿）、nail（指甲）、tooth（牙齿）等。

鼓励孩子多唱英文歌，我发现这是让孩子学好英语比较简便快捷的一个方法。孩子都很喜欢唱歌，在学唱英文歌的时候，不知不觉就会认识很多英语单词，而且也能逐渐培养孩子的英语语感。

给孩子看英文版光碟。这也是一个大人省事、孩子喜欢的学习形式。光碟的容量很大，有卡通片、小故事、歌曲等，孩子对丰富多样的形式比较感兴趣，比单纯用学习机听读英语要有趣得多。孩子看光碟的年龄也因人而异，一般来说两岁左右就可以了。这时孩子还不会选，你给他看什么他就看什么，但到了三四岁，孩子会有所选择，更倾向于有故事情节的东西。

我曾经给小外孙买了不少迪士尼的中英文对照 DVD，如大家都很熟悉的《米老鼠和唐老鸭》、《猫和老鼠》、《三只小猪》等。这下可好，孩子把看碟当成最大的爱好和兴趣了，每天都主动要求看卡通片，有时看得入迷了，连饭都不想吃了。我怕他把眼睛看坏，于是每天只给他看 1 个小时左右。可孩

子还是不依不饶，觉得不过瘾。小外孙把这些卡通故事反复看了好多遍后，连平时和我们说话都会不时冒几句英文出来，这让我们都大感意外。孩子的英文水平突飞猛进，我感到自己再也无法胜任孩子的老师一职了，但也为他感到骄傲。

创造更理想的学习环境

小外孙的英语水平已经超出我的预料了，那接下去该学什么呢？我绞尽脑汁，又想出了以下几个方法：

（1）让孩子看纯英语大片。如果孩子能接受，并且能坚持下去，那他的英语水平又将是一个质的飞跃。于是我就去买了一些英文原版光碟回来，孩子似乎也看得津津有味。至于是否看懂，我觉得不太重要，就当是让孩子每天都接受一下英语的熏陶好了。

（2）创造机会让孩子登台表演，尤其是用英语来进行表演。这不仅考验孩子的应变能力和胆量，对提高孩子的英语表达能力也非常有效。孩子在跟我回老家包头上英语学习班期间，他的舞台表现力让我感到很欣慰，那时我就下定决心要多给他创造这样的机会。

（3）多带孩子去公园、动物园、展览馆和超市等地方增长见识。有时候在路上碰到一些外国小朋友，小外孙也能很主动大方上前去跟他们聊上几句英语，这让周围的路人都感到很诧异，不少人都会驻足观看，同时也投来羡慕的眼光。

（4）还有一个更为理想的英语学习办法，但是不容易实现。那就是和外籍小朋友交朋友，经常带着孩子去外国小朋友家串门，让外国小朋友和我们的孩子一起玩耍，这是让孩子接触外文学习最好的方法。但是，估计实施起来会有不小的难度。

我对中国孩子学英语的一点看法

首先，英语不是我们的母语，在讲汉语的环境中让孩子很好地掌握英语其实是比较困难的。因此我们应该扬长避短，尽量借助一些外部的手段，如学习机和英语学习班等，努力为孩子创造英语的学习环境，同时在日常生活中鼓励孩子多用英语进行简单的交流和沟通，这些方法都大有好处。

其次，给孩子选一个资质比较好的双语教学幼儿园。大多数孩子到了3岁左右就该去幼儿园了。但是目前很多所谓的双语幼儿园都形同虚设，挂个双语的牌子，随便教孩子说几句简单的外语，认识几个汉字就算是“双语”了。

英语的学习非常重要，是孩子认识外面世界的一个有效工具，而学习英语要从娃娃抓起，从小为孩子打好英语的基础，让英语成为像汉语那样熟练掌握的语言，那么孩子将来也会有更多的机会。

我对培养孩子特长的看法

对于孩子来说，我们只能看到孩子是否具有某种天赋，而无法看到他有什么特长。孩子的特长都是靠父母培养出来的。没有孩子天生有特长。有些孩子有艺术天分，那是天生的，这样的孩子叫天才，但很少有，大部分都是普通的孩子。那么如果不培养孩子，孩子就没有特长。但是每个孩子都有自己的天赋，这是需要父母去注意和发现的。

为了让孩子赢在起跑线上，现在的家长可谓费尽心思，用各种兴趣爱好班塞满了孩子的玩乐时间，每到周末，更是折腾不已，全家总动员，陪着孩子轮番上各种培训班。当然，这种情况也不能说毫无用处，如果这些兴趣班是孩子喜欢的、感兴趣的，那么就会收到事半功倍的效果。毕竟天赋异禀的孩子还是极少数，大多数的孩子将来在某一方面能有一技之长，大多是自身的兴趣爱好再加上后天努力的结果。

我觉得我们全家人好像都没啥文艺细胞，所以小外孙可能在这方面没有遗传到什么好的基因，因此在这方面，先天条件就逊色了。教唱歌吧，他老跑调，一首简单的《两只老虎》儿歌，从一岁学到五岁都唱不在调上。他妈妈带他去学钢琴，他似乎也不感兴趣。为了发掘孩子的音乐潜能，我在他四岁多时曾带他去乐器店，问他喜欢什么，结果他说喜欢小提琴。我当时还真想给他买，但是转念一想，过一阵子吧，万一孩子只是三分钟热度咋办？后来孩子还真的没有再提起这事了。至于教他吹笛子、吹口琴，我也尝试过，但孩子的热情始终不太高，最后也就不了了之了。

我本人很喜欢下棋，围棋、象棋都还可以，虽然不是什么专业水准，但教孩子还是绰绰有余的。结果小外孙的表现让我大失所望，于是我就打消了这个念头。

让孩子学点什么呢？我发现小外孙喜欢朗诵诗歌，口齿也清晰，于是我就想教他打快板。我使出了浑身解数，刚开始时孩子学得还算认真，而且也逐渐找到了窍门和规律，来一小段还是像模像样的，这也算是一个小小的收获吧。但很遗憾，他的兴趣始终不大。

画画是许多小孩子都喜欢的，我小外孙也不例外。但他画得很随意，比如高楼大厦，在路上看到的各式各样的车。为了培养他这方面的兴趣，他妈妈还专门请了个美术老师，刚开始他还算听话认真，但是过了半年，进步也不大，画得也更不认真了。

许多孩子都比较热衷体育运动，每逢周末，我们小区的许多孩子就“呼朋唤友”，相约一块到楼下踩单车、玩滑板、溜旱冰。而我的小外孙胆子小，肢体的灵活性也不够，因此对什么运动都不太感兴趣，而且学得也比较慢。他三岁才敢玩滑板，上小学才敢溜旱冰，在这些运动项目上，他与许多同龄的男孩子相比，都要晚了一两年。

说了这么多，到底小外孙的兴趣爱好在哪呢？其实，他最大的兴趣就是喜欢钻研、设计和制作。为了培养他的这个兴趣爱好，我前后给他买了许多智力玩具，一开始是积木的，到后来是组装的，价格从便宜的几块到几百块不等。这些智力玩具玩旧了，我都不许他扔掉，而是找个大塑料箱装起来。这些旧玩具零件可是他的宝贝，一有空他就把大箱子拉出来，想方设法捣鼓

出新玩意来。什么高楼大厦、高架桥、草原蒙古包、新式大拖车、海上石油钻井平台、卫星发射塔等。

最让我感到骄傲的是，小外孙目前的动手能力，已经达到可以将我从青岛海军博物馆买回的尼米兹号航空母舰完全拼装起来的程度。这个才六岁多的小屁孩已经可以拼装出大人都不易完成的智力模型玩具，而且还能安静“作战”4 个小时呢。

在小外孙兴趣爱好的培养上，我也没取得什么大的成绩，一切都是顺其自然。我觉得，孩子无论学什么，做什么，他的主观能动性很重要，我们大人只能循循善诱，不能强迫。

在培养小外孙的特长实践中，我深深体会到学习音乐、美术和体育运动等是需要有一定天赋的，要是孩子没有这方面的细胞，而且兴趣不大，家长最好就不要强求。毕竟孩子还小，不可能像大人那样，有一定的毅力去克服困难，孩子喜欢就是喜欢，不喜欢就是不喜欢，而且他们持续做某件事的时间不会太长，定力也比较差，很快就会对其他的新鲜事物感兴趣了。伟大的科学家爱因斯坦说过：“兴趣是最好的老师。”大人不能一厢情愿，更不能将自己的意愿强加给孩子，为了让孩子学好某种特长而投入大量的时间和金钱，把自己折腾得够呛，而孩子却没多少进步，何苦呢？真可谓是“赔了夫人又折兵”！

我对婴幼儿生理养育的看法和建议

明代医书《万密斋》中指出："若要小儿安，三分饥和寒。"宝宝脾胃功能不足，的确需要一定的营养，但不能多吃，多吃容易消化不良，蓄积过多内热易诱发感冒。

古人云："身体发肤，受之父母，不敢毁伤，孝之始也。"所谓生理养育，就是指对孩子身体生长发育的供养。许多老年人对此都会略知一二，毕竟他们都有过生儿育女并且将其抚养成人的经历。至于方法正确与否，科学不科学，就见仁见智了。反思自己照顾小外孙的这些年，我多多少少总会有些遗憾。通过对早教知识的梳理，并结合我对孩子生理成长过程的思考，我对孩子的生理养育有了一定的了解。在此，我对孩子的科学喂养作了一些经验总结。

（1）所谓的喂养，是"喂"和"养"，两者缺一不可。喂，主要是指食物的摄入；养，主要是指日常穿戴的安排和行为的教养。

（2）婴儿来到这个世界，不仅带着人类巨大的智慧潜能，也带着母体赋予的生理机能，先天具有一定的免疫力，这个免疫力能让孩子在一段时间内抵抗外界病菌的侵袭。随着由母体所带来的免疫力消耗殆尽，孩子的抵抗能力就会逐渐下降，只能依靠其自身建立起来的免疫系统来抵抗外来病菌的侵

袭。此时，这个年龄大小的孩子已经开始添加辅食了，还特别喜欢大人所吃的饭菜，要是喂养不当，孩子就很容易生病。

（3）孩子对环境的适应能力是很强的，不仅能适应环境对心理成长的影响，也能适应环境对生理成长的影响。你经常让他处于“饥饿”状态他就耐得住饥饿，一旦给他食物他就会“狼吞虎咽”，吃得非常香。

（4）孩子娇弱的肠胃是需要细心呵护的，如果长期喂养过多，会造成孩子的肠胃过度磨损，其结果必然是机能下降，表现为不爱吃饭、厌食。

（5）如果孩子经常处于一种“饥饿”状态，那么他的胃肠就会处于饥渴的应急状态，一旦获得食物，就会将食物消化干净，将营养全部吸收，更好地促进身体的生长发育。

（6）对孩子进行科学、适度的喂养，让其胃肠功能始终处于一种正常的工作状态，这将极有利于孩子的生长发育。

（7）喂养过多、营养过剩势必会导致孩子不爱吃饭、一到吃饭时就到处乱跑，这样会造成孩子消化、吸收功能下降，吃东西不容易消化吸收，诱发便秘，从而影响生长发育。

（8）喂养过度会造成孩子脑部供血不足。由于胃里有大量的食物需要消化吸收，因此需要大量的血液供应，这样就会导致脑部供血不足，长此以往，会造成大脑智力发育迟缓，孩子就聪明不起来。一般情况下，聪明、机灵的孩子很少是胖墩，大都是体态偏瘦、体质强壮的孩子。

（9）孩子一日三餐所吃的东西尽量要做到荤素搭配、精细合理、干稀混搭、营养全面均衡。切不可随孩子的喜好，爱吃啥就吃个饱，爱喝啥就喝个够。

（10）千万要注意孩子的大便状况。不能光在吃饱吃好上下功夫，孩子的排便也很重要，千万不能忽略，要养成定时排便的好习惯。

（11）尽量少给孩子买零食吃，尤其是高热量、高脂肪的零食（也可称为垃圾食品）。零食吃多了，弊大于利。孩子都喜欢五颜六色的包装食品，一旦爱上零食，后果将不堪设想。此外，麦当劳、肯德基、必胜客这些地方，也要尽量少带孩子去光顾。

（12）孩子对气候变化的适应能力是很强的。在科学、合理的喂养下，孩子会慢慢建立自身的免疫系统，逐渐适应气候的各种变化，从而渐渐增强自己的体质。那些弱不禁风，怕冷、怕热，动不动就容易生病的孩子，大多是大人不会照顾所致。

（13）小孩的自我调节适应能力也是很强的，你给他少穿、少盖，他就能耐得住寒冷，天气渐热你给他迟些减少衣物，他的耐热本领就强。俗话说“春捂秋冻”，这句话其实也适用于小孩，尤其是稍微大点的孩子。至于怎么做，完全取决于家长如何科学、合理地操作了。

（14）孩子平时得的感冒，无非就是热伤风感冒、风寒感冒这两种。原因无非就是孩子耐不得寒，经不住热，气候稍微有点变化，抵抗力弱的孩子就会病倒，把全家人折腾得够呛。所以千万不要将孩子照顾到弱不禁风的程度，要相信孩子自身的潜质。

（15）还有一种感冒是“肠胃感冒”。最常见的是喂养感冒——因喂养不当而造成的感冒。将小孩子的肚子塞得满满当当，满肚子是火，满身是火，舌苔也白，眼睛里有眼屎，目光呆滞，这离患病也不远了。

（16）俗话说：“病从口入，祸从口出。”小孩子自己不会惹麻烦，但病根百分之百是从口入的，其罪魁祸首就是家长。所以家长一定要对孩子进行科学喂养，不要毫无原则，随心所欲。

我的早教经验总结

不要看不起小孩。我认为人的智力发展所能达到的可能性，远比已经达到的要强得多……如果在生理上保养得好，在心理上又教育得法，许多小孩都可能达到像宁铂那样的智力水平。

——于光远

要想培养出一个聪明、可爱、懂事的好孩子，我总结有如下几点：

（1）首先家长要从内心深处树立起把孩子培养成才的远大理想，而不是只落实在语言上或一时的心血来潮的口号上。

（2）全家人要齐心协力，在思想认识和实际行动上都要做到高度统一，同时每个人都要努力提高自己的素质修养，为孩子树立好榜样。

（3）从家庭里选出一个教育的主角，其余人员积极、主动配合。小孩子很会察言观色，看“谁厉害”就听谁的。如果没有一个主事人，势必会导致群龙无首，孩子也不会乖乖听话。

（4）家里主要负责孩子教育的“责任人”必须要努力学习，对早教理论要有非常深刻的理解，对实施过程也要做到胸有成竹。

（5）教育孩子是一件很琐碎、很累人的事情，全家人务必做好充分的思想准备。一定要坚持不懈，绝对不能半途而废，否则就会前功尽弃。

（6）早教的好坏关系着孩子的未来，也关系着家庭的未来。俗话说“富不过四辈，穷不过三代”，把孩子培养好了，是利在当代，功在千秋的伟业。

（7）对孩子进行早教必须努力做到“八心”：爱心、耐心、细心、热心、童心、信心、虚心和责任心。这“八心”实现程度的高低关系着孩子素质教育结果的好坏。尤其是“爱心”、“耐心”、“信心”，这三个因素是早教成功的决定性因素，只有真心实意地爱护孩子，耐心地呵护孩子，又具有必胜的信念，成功的概率才会高。

（8）对孩子的教育一定要高标准、严要求，这样才能有好的结果。正所谓“取法乎上，仅得乎中；取法乎中，仅得乎下”，说的就是这个道理。

附录：早教三字经

总则篇

人之初，如白纸。等你写，等你画。为父母，准备好。写画好，是精品。写画劣，出次品。

婴幼儿，都一样。都聪明，无笨孩。个个有，潜力挖。关键在，早早挖。个性差，有区别。每个人，不一样。人个性，无善恶。诱导好，好个性。诱导差，大麻烦。

父母心，都会想。将儿女，培养好。上大学，成人才。好命运，伴儿女。如何培，如何养。需学习，需看书。学理论，学早教。懂婴儿，懂幼教。全家人，要统一。谁主角，谁配角。订计划，定措施。实践中，耐心足。两三年，见成效。喜心头，乐嘴上。利在家，功在国。

智慧素质聪明篇

施早教，始于早。孩出生，开始教。孩子小，塑性大。他不懂，难和易。也不懂，好和坏。怎么教，怎么是。小眼睛，看着你。小耳朵，听着你。不要急，不要躁。订计划，定措施。

第一步，训五官。视器官，听器官。嗅器官，味器官。皮肤是，触器官。五官灵，灵气生。

第一项，训视觉。多让看，到处看。看万物，看世界，看颜色，看美景。看文字，看图案。

第二项，练耳朵。各种声，都要听。家畜声，家禽声。音乐声，鸟鸣声。噪音声，不能听。

第三项，练嗅觉。各种味，都要闻。闻香味，闻臭味。闻酒味，闻酸味。毒气味，不能闻。

第四项，练味觉。多让尝，多让品。品酸味，品甜味。品苦味，品辣味。长大后，美食家。

第五项，按摩操。活血液，促循环。冷接触，热接触。粗接触，细接触。硬接触，软接触。

练五官，作用大。神经系，通大脑。刺激脑，更发达。脑功能，更健全。脑构造，更复杂。

第二步，做运动。大动作，小动作。多爬行，多打滚。爬上坡，爬下坡。少站立，晚站立。站稳后，练下蹲。自如后，再练走。拉手走，独立走。走稳后，增项目。走直线，走曲线。向前走，向后走。走快点，走慢点。熟练后，走木板。练胆量，练平衡。木板高，慢慢加。练完走，练双臂。能接球，能扔球。拿球拍，能打球。上肢完，练翻滚。前翻滚，后翻滚。脚踢球，也得练。练跑步，练跳跃。身体活，身体灵。活像个，运动员。增智慧，增气质。

第三步，练手指。手功能，更重要。拿握放，捏拉撕。拧抓挠，推拉掐。捡抠穿，夹剪取。翻书本，打小鼓。心要灵，手要巧。人生路，作用大。运动课，基本完。

第四步，教认知。小孩子，多知事。知识面，要拓宽。知万事，识万物。家里的，外面的。国家的，社会的。自然界，动物界。刮大风，下大雨。电光闪，雷鸣响。讲太阳，讲月亮。种庄稼，大丰收。火车跑，飞机飞。船舶航，汽车行。盖大楼，建大桥。逛超市，进商店。看动物，认花草。认世界，知国家。中国图，世界图。联合国，在美国。北京市，是首都。地球仪，知识多。人情事，世故事。办喜事，办丧事。去医院，看医生。背书包，上学校。幼儿园，朋友多。知酱油，识五味。认五谷，识杂粮。解放军，保国家。消防员，能救火。当警察，抓坏人。科学家，搞科研。运动员，好辛苦。售货员，卖商品。世间事，世间物。见到啥，就讲啥。别怕烦，别怕累。每一天，每一时。嘴不停，手不停。都要给，孩子讲。

第五步，语言课。学说话，学认字。话是字，字是话。字和话，一起学。小孩子，记忆好。你别怕，学不会。他学习，有特点。学说话，经常听。学认字，经常看。慢慢听，慢慢记。不要求，他理解。只要求，能认识。教育者，反复教。先名词，后动词。形容词，和介词。短句中，更好学。无意中，就学会。学会后，要复习。复习后，不易忘。两岁内，1 000 字。三岁内，2 000 字。四岁内，3 000 字。能看书，能阅读。一两岁，学儿歌。两三岁，故事书。三四岁，独立看。

四五岁，讲故事。六七岁，喜丰收。认识字，如添翼。对学习，有兴趣。

第六步，学外语。借母语，学外语。速度快，效果大。多看碟，多听带。大胆说，大声说。不知中，就学会。高素质，高要求。一国语，不够用。最起码，两国语。如学会，不一般。

第七步，学数学。数知识，挺抽象。越抽象，越早教。生活中，常联系。先学加，后学减。认图形，认时间。认前后，认高低。认大小，认快慢。认宽窄，认薄厚。认多少，认胖瘦。辨左右，辨方向。二和两，难分清。教育者，要注意。怎么教，想办法。嘴不停，手不停。1 2 3，4 5 6 。6 5 4 ，3 2 1 。$1+1=2$，$2+2=4$。$3-2=1$，$5-4=1$。慢慢地，就明白。

第八步，练记忆。记忆力，很关键。记忆差，成绩差。记忆好，成绩好。如何记，听我说。记忆力，有特点。成年人，记得快。但也会，忘得快。孩子记，记得慢。记住了，忘不掉。每一天，所见事。大人先，记住它。然后再，问孩子。反复问，重复问。问三回，准记住。大脑是，记忆库。库房里，有条理。有些事，需永记。有些事，暂时记。永记事，需多问。暂时记，随他记。练记忆，有诀窍。感兴趣，容易记。安静时，容易记。找规律，易记住。情绪高，容易记。情绪低，不易记。印象深，记得牢。印象浅，容易忘。让孩子，练记忆。千万要，视情况。孩子小，专注短。不能逼，不能强。不能急，不能躁。以免伤，积极性。想办法，找窍门。难化易，长化短。诱导

他，提醒他。鼓励他，奖励他。多总结，多归纳。

第九步，练观察。观察力，很重要。仔细看，全面看。观察细，印象深。印象深，记忆牢。从小教，从小练。孩不懂，要提醒。用手指，用嘴讲。反复讲，反复说。时间长，成习惯。

第十步，兴趣心。兴趣心，要培养。没兴趣，没动力。兴趣大，动力足。兴趣小，动力小。没兴趣，没动力。大人要，起带头。兴趣多，兴趣广。让孩子，看着你。小孩子，受感染。

十一步，注意力。注意力，也重要。注意力，分两种。无意的，有意的。婴幼儿，多无意。三岁后，才有意。用无意，带有意。孩子看，勿打扰。多指导，多提醒。说话声，一定小。你声大，他分神。注意力，全扫光。注意力，慢培养。多提供，兴趣的。多提供，新鲜的。

十二步，思维力。千聪明，万聪明。思维力，是核心。思维敏，反应快。小脑瓜，动起来。多提问，多发问。为什么，是这样。为什么，是那样。多诱导，多提示。左想想，右想想。这为啥，那为啥。要多做，趣味题。多给他，事情做。独立闯，独立办。脑思维，活起来。

十三步，想象力。诱导他，启发他。多观察，多思考。这像啥，那像啥。变个样，又像啥。大胆想，广泛想。天上的，地上的。空间的，立体的。拓思路，展思维。家长要，协助想。

十四步，创造力。创造力，也培养。从小要，多动手。拆玩具，装玩具。照实物，模仿做。要耐心，要细心。不着急，不必忙。先观察，后动手。遇困难，不气馁。家长要，多配合。

情感素质做人篇

本篇节，最重要。关系着，人一生。雁留声，人留名。人一辈，行善事。行恶事，必遭殃。

人之初，有两性。有善性，有私性。人性善，兽性私。教育好，人性扬。教育劣，私性增。好品德，从小教。学好难，学坏易。好行为，好习惯。好习惯，好性格。好性格，好命运。

为父母，做榜样。小孩子，眼睛看。你敬老，他敬你。你平和，他平静。你鼓励，他上进。你信任，他自信。你热情，他好客。你吃苦，他耐劳。你开朗，他活泼。你自律，他检点。

你勤俭，他节约。你浪费，他挥霍。你勤劳，他勤快。你温柔，他体贴。你要强，他奋斗。你勇敢，他坚强。你轻浮，他轻率。你虚伪，他说谎。你勤奋，他好学。你认真，他细心。

爱孩子，学会爱。科学爱，不溺爱。小孩子，勤教育。好性格，从小养。三看大，七看老。从小要，爱劳动。自己事，自己做。关心人，同情人。不发火，不暴躁。不说谎，不骗人。不逞强，不骂人。要做个，好孩子。生活要，有规律。早早睡，早早起。早锻炼，身体壮。吃行为，要教育。杂粮吃，细粮吃。不挑肥，不拣瘦。自己吃，自己喝。玩行为，也重要。文明玩，节制玩。玩中学，学中玩。求知欲，要鼓励。好奇心，要培养。独立性，要树立。

会交流，会交往。人生路，必具备。多朋友，多条路。朋友少，道路窄。团结人，宽容人。吃亏福，贪利祸。做君子，莫小人。尊老人，爱幼童。不欺弱，不惧强。要谦虚，不骄傲。学交往，从小教。会走路，教串门。遇见人，会称呼。见老人，先问好。小朋友，互忍让。不横行，不霸道。不欺凌，不受辱。见弱者，要帮助。说话时，有礼貌。面对面，脸对脸。不大声，不大喊。吐字清，咬字准。不着急，慢慢说。不抢话，不插话。交流中，练胆量。交往中，练口才。增自信，长智慧。树人格，树人生。善交流，善交往。入社会，用处大。

全家人，齐努力。定目标，定措施。定主角，定配角。重过程，重耕耘。三五年，见成效。

本书真心写给老年朋友们，愿你们的晚年生活更加充实、快乐、幸福。同时，本书也真心献给认为孩子是家庭未来最大希望的人们。